Tommy Kaspar

Graphen-abgeleitete Materialien

Tommy Kaspar

Graphen-abgeleitete Materialien

Herstellung und Charakterisierung

Südwestdeutscher Verlag für Hochschulschriften

Impressum/Imprint (nur für Deutschland/only for Germany)
Bibliografische Information der Deutschen Nationalbibliothek: Die Deutsche Nationalbibliothek verzeichnet diese Publikation in der Deutschen Nationalbibliografie; detaillierte bibliografische Daten sind im Internet über http://dnb.d-nb.de abrufbar.
Alle in diesem Buch genannten Marken und Produktnamen unterliegen warenzeichen-, marken- oder patentrechtlichem Schutz bzw. sind Warenzeichen oder eingetragene Warenzeichen der jeweiligen Inhaber. Die Wiedergabe von Marken, Produktnamen, Gebrauchsnamen, Handelsnamen, Warenbezeichnungen u.s.w. in diesem Werk berechtigt auch ohne besondere Kennzeichnung nicht zu der Annahme, dass solche Namen im Sinne der Warenzeichen- und Markenschutzgesetzgebung als frei zu betrachten wären und daher von jedermann benutzt werden dürften.

Verlag: Südwestdeutscher Verlag für Hochschulschriften GmbH & Co. KG
Dudweiler Landstr. 99, 66123 Saarbrücken, Deutschland
Telefon +49 681 37 20 271-1, Telefax +49 681 37 20 271-0
Email: info@svh-verlag.de

Zugl.: Zürich, ETH, Diss., 2010

Herstellung in Deutschland:
Schaltungsdienst Lange o.H.G., Berlin
Books on Demand GmbH, Norderstedt
Reha GmbH, Saarbrücken
Amazon Distribution GmbH, Leipzig
ISBN: 978-3-8381-2859-7

Imprint (only for USA, GB)
Bibliographic information published by the Deutsche Nationalbibliothek: The Deutsche Nationalbibliothek lists this publication in the Deutsche Nationalbibliografie; detailed bibliographic data are available in the Internet at http://dnb.d-nb.de.
Any brand names and product names mentioned in this book are subject to trademark, brand or patent protection and are trademarks or registered trademarks of their respective holders. The use of brand names, product names, common names, trade names, product descriptions etc. even without a particular marking in this works is in no way to be construed to mean that such names may be regarded as unrestricted in respect of trademark and brand protection legislation and could thus be used by anyone.

Publisher: Südwestdeutscher Verlag für Hochschulschriften GmbH & Co. KG
Dudweiler Landstr. 99, 66123 Saarbrücken, Germany
Phone +49 681 37 20 271-1, Fax +49 681 37 20 271-0
Email: info@svh-verlag.de

Printed in the U.S.A.
Printed in the U.K. by (see last page)
ISBN: 978-3-8381-2859-7

Copyright © 2011 by the author and Südwestdeutscher Verlag für Hochschulschriften GmbH & Co. KG and licensors
All rights reserved. Saarbrücken 2011

Zusammenfassung

Im ersten Teil der Arbeit werden Graphitoxid und daraus abgeleitete Materialien vorgestellt.

Entgegen bisheriger Annahmen konnte gezeigt werden, dass die thermische Zersetzung des Graphitoxid-Pulvers nicht kontinuierlich stattfindet. Die Temperatur, bei welcher etwa 75% des Sauerstoffs und Wasserstoffs in Form von Kohlenoxiden und Wasser abgespalten werden ist eine ausgezeichnete Temperatur – hier 192 °C. Erst darüber hinaus findet die restliche Sauerstoff- und Wasserstoffabgabe kontinuierlich bis ca. 1000 °C statt. Die thermische Zersetzung von einzelnen Graphenoxid-Schichten in wässriger Dispersion geschieht schon bei 140 °C – ebenfalls diskontinuierlich und mehr als 90%ig. Wässrige Suspensionen werden bei 170 °C zersetzt.

Da sich durch die thermische Behandlung aus Graphitoxid ein graphitartiges Material und Kohlenoxide durch Zersetzung und nicht durch Reduktions- bzw. Oxidationsmittel bilden, soll für die thermische Zersetzung der Begriff Disproportionierung verwendet werden und nicht der Begriff Reduktion.

Ein wichtiges Ergebnis dieser Arbeit ist, dass Dispersionen von Graphen, welches aus Graphitoxid gewonnen wurde, in verschiedenen Lösungsmitteln, wie Formamid und insbesondere in Wasser, stabil sind. Verschiedene Synthesewege für solche kolloide Dispersionen mit einzelnen Schichten von Graphitoxid – Graphenoxid – und daraus abgeleiteten Materialien wie Graphen werden hier aufgezeigt. Die vorliegende Arbeit zeigt Versuche, welche die Bedingungen der Quellung von Graphitoxid und die der Dispergierung von Graphitoxid und Graphit in den verschiedenen Lösungsmitteln benennen. Die Definitionen für Suspensionen, Dispersionen und Kolloide werden vorgestellt und auf die hier verwendeten Systeme übertragen. Dies deshalb, weil die Begriffe in der Literatur sehr unterschiedlich gehandhabt werden, aber einer genauen Unterscheidung bedürfen. Aus den Suspensionen und kolloiden Dispersionen abgeleitete bzw. daraus hergestellte Materialien, deren Eigenschaften und Verwendungsmöglichkeiten werden vorgestellt. So z.B. Graphitoxid- und Graphit-Membranen mit anisotroper Ausrichtung der Einzelschichten.

Mit Hilfe der Röntgenbeugung wird gezeigt, dass Graphitoxid und davon abgeleitete Materialien turbostratische Struktur haben und der (100)-Reflex der genaueren

Verfolgung der Reduktion dienen kann, da dieser nicht von Lösungsmitteln beeinflusst wird wie der hauptsächlich verwendete (001)-Reflex.

Die Transmissions-Elektronenmikroskopie zeigt die Existenz einzelner Schichten des Graphitoxids und daraus abgeleiteter Verbindungen – direkt in kolloider Dispersion als auch indirekt nach Eintrocknen verdünnter Dispersionen. Die Einzelschichten dienen in der Elektronenmikroskopie als hervorragende Trägermaterialien, da sie kaum Kontrast zeigen.

Im zweiten Teil dieser Arbeit werden die multinären Keramiken, welche aus monomeren und polymeren Vorläufern hergestellt sind, vorgestellt und definiert. Dazu wurden die derzeit bestehenden Keramikdefinitionen erweitert und leicht verändert.

An den bekannten Herstellungsverfahren der Vorläuferverbindungen für die Keramiken, wie sie in unserer Arbeitsgruppe verwendet werden, fanden keine Veränderungen statt. Allerdings sind neue Erkenntnisse gewonnen wurden. So ist es möglich, den Vorläufer B-Tris(trichlorosilylvinyl)borazin isomerenrein zu erhalten. Die bekannte Synthese des B-Tris(silylvinyl)borazin war nicht reproduzierbar.

Die Herstellung mechanisch stabiler makroskopisch grosser Stücke ist ein grosses Problem im Bereich der quaternären polymerabgeleiteten Keramiken. Der Grund dafür sind die vielen Risse und Spannungen im Material, welche während der Pyrolyse entstehen. Versuche der vorliegenden Arbeit haben gezeigt, dass die bekannten Methoden des Warmpressens zur Herstellung kompakter Stücke auch auf die hier vorgestellten Keramiken angewendet werden können. Es werden makroskopische Stücke erhalten. Allerdings zeigen diese hier hergestellten makroskopischen Stücke, wie auch die in der Literatur vorgestellten, nicht mehr die gleichen herausragenden Eigenschaften wie an den mikroskopisch kleinen intakten Proben bestimmt.

Nach der Pyrolyse von mit Nickel dotierten Vorläufern befinden sich auf der Keramikoberfläche verschiedenste Kohlenstoffstrukturen, wie z.B. Kohlenstoffnanoröhrchen oder Pyrokohlenstoffe. Die zur Bildung dieser feinen Strukturen notwendigen Bedingungen wurden aufgeklärt. Damit ist es möglich, die Struktur der Kohlenstoffverbindungen zu kontrollieren. Des Weiteren konnte festgestellt werden, dass sich Silicium in der Keramik ab 900 °C leicht mit Nickel zu einem Nickelsilicid verbinden und somit aus seiner festen Bindung lösen kann.

Im letzten Kapitel zu den Keramiken wird gezeigt, dass es mit den derzeit angewandten Methoden und den bisher benutzten Keramiken bzw. ihren Vorläufern kaum möglich sein wird, kompakte Stücke der Keramiken herzustellen, welche eine produktionsreife Anwendung besitzen.

Summary

The first part of this thesis deals with Graphite Oxide and Graphite Oxide derived materials.

Contrary to the state of the art, the discontinuous decomposition of Graphite Oxide which takes place at a specific temperature could be shown. 75% of the oxygen and hydrogen are released as carbon oxides and water at this temperature. A further increase of temperature up to 1000 °C leads to a continuous decomposition of the material and results in Graphite. The thermal decomposition of single Graphene Oxide Layers in aqueous dispersions occurs at 140 °C, is also discontinuous and less than 10% of oxygen and hydrogen remain on the surface. Aqueous suspensions are decomposed at 170 °C.

Carbon oxides and a Graphite material are formed during the thermal treatment of the Graphite Oxide materials by decomposition and not by reduction. This process should be called disproportionation and not reduction of the Graphite Oxide materials.

An important result of this thesis is, that dispersions of Graphene, which are derived of Graphite Oxide, are stable in different solvents, like formamide and especially water. Different paths of synthesis of such colloidal dispersions with single layers of Graphene Oxide and derived materials like Graphene are shown.

The conditions of the swelling of Graphite Oxide and the dispersion of Graphite Oxide and Graphite in different solvents are determined. Further, the definition of suspensions, dispersions and colloids are exactly defined and transferred to the Graphit Oxide system. Materials, which are derived from suspensions and colloidal dispersions, including properties and applicability are introduced, like Graphite Oxide or Graphite membranes which have anisotropic aligned layers.

The turbostratic structure of Graphite Oxide and derived materials was determined by the X-ray diffraction. Furthermore, the (100)-peak was used to determine the level of reduction, because this one is not influenced by solvents like the (001)-peak.

Transmission electron microscopy shows the existence of single layers of Graphite Oxide and derived materials in solution. Single layers can also observed on substrates like silicon or carbon grids. The single layer coated carbon grids are excellent supports in transmission electron microscopy because of their low contrast.

In the second part of this thesis, multinare ceramics, which are produced out of monomer and polymer precursors, are introduced and defined. Furthermore, the currently existing definitions of ceramics were broadened and slightly changed.

The well-known manufacturing processes of the precursor compounds for the ceramics, which are used in our research team, were not changed / adapted. However new knowledge was gained like the isomeric pure precursor B-tris(trichlorosilylvinyl)borazin. The known synthesis of the B-tris(silylvinyl)borazin wasn't reproducible.

The production of mechanical stable pieces of macroscopic size is a huge problem in the area of quaternare polymer derived ceramics. A lot of fractures and tensions in the material, which are introduced during the production, are the reason for this. Experiments of this thesis have shown, that the well-known method of hot pressing for the production of compact pieces can also be applied to the introduced / presented ceramic. Macroscopic pieces are gained, but their properties aren't standing out, like already described in literature, compared to the microscopic small and unbroken samples.

After the pyrolysis of nickel doped precursors, several structures of carbon are placed on the ceramic surface, like carbon nanotubes and pyrocarbons. The necessary conditions for the formation of these fine structures could be clarified. So that the structure of the carbon compounds can be controlled. Furthermore, the easy formation of silicon, out of the ceramic, with the nickel at 900 °C to a nickelsilicide was observed. This shows that the silicon has the ability to solve its strong binding in the ceramic structure to form this new compound.

In the last chapter of the ceramics, it is shown that compact pieces of these ceramics with a commercial application can't be produced with the actual applied methods and ceramic precursors respectively.

Inhalt

INHALT 5
VORWORT 9
EINLEITUNG 13
1   GRUNDLAGEN 19
   1.1   GRAPHEN 19
   1.2   GRAPHIT 21
   1.3   GRAPHITISCHE KOHLENSTOFFE 22
       1.3.1   Russ 22
       1.3.2   Aktivkohlenstoffe 23
       1.3.3   Graphen- und Graphitoxid 23
2   LITERATURÜBERBLICK UND STAND DER TECHNIK 25
   2.1   GRAPHITOXIDHERSTELLUNG 25
   2.2   SUSPENSIONEN UND DISPERSIONEN 26
   2.3   GRAPHITISCHE KOHLENSTOFFE AUS GRAPHITOXID 28
       2.3.1   Reduktion und thermische Zersetzung von Graphitoxid 28
       2.3.2   Herstellung durch chemische Reduktion 28
       2.3.3   Herstellung durch thermische Zersetzung 29
   2.4   RÖNTGENBEUGUNG AN GRAPHITISCHEN KOHLENSTOFFEN 31
       2.4.1   Graphit und graphitische Kohlenstoffe 31
       2.4.2   Graphitoxid (GO) 31
       2.4.3   Thermisch abgebautes Graphitoxid-Pulver 32
       2.4.4   Orientiertes Graphitoxid 32
   2.5   RAMANSPEKTROSKOPIE 33
   2.6   MAGNETFELDMESSUNGEN -SQUID 34
3   CHARAKTERISIERUNG – ERGEBNISSE 35
   3.1   REDUKTION UND THERMISCHE ZERSETZUNG VON GRAPHITOXID 35
   3.2   RÖNTGENBEUGUNG 36
       3.2.1   Graphit und graphitische Kohlenstoffe 36
       3.2.2   Graphitoxid 37
       3.2.3   Thermisch reduziertes Graphitoxid-Pulver 37
       3.2.4   Thermisch behandelte Graphitoxid-Dispersionen 41
       3.2.5   Bemerkungen zur Auswertung der XRD 42
       3.2.6   Zusammenfassung der Röntgenbeugung 43
   3.3   UV-VIS SPEKTROSKOPIE 43
       3.3.1   Zusammenfassung der UV-VIS-Spektroskopie 45
   3.4   ELEMENTARANALYSE (EA) 45
   3.5   DIFFERENZTHERMOANALYSE UND THERMOGRAVIMETRIE (DTA / TG) 46
   3.6   MIKROSKOPIE 48
       3.6.1   Transmissions-Elektronenmikroskopie (TEM) 48
       3.6.2   Atom-Kraft-Mikroskopie (AFM) 53
       3.6.3   Lichtmikroskopie 54
       3.6.4   Zusammenfassung der Mikroskopieergebnisse 55
   3.7   RAMANSPEKTROSKOPIE 56
       3.7.1   Zusammenfassung Raman-Messung 57
   3.8   MAGNETISCHE MESSUNGEN – SQUID 57

	3.8.1 Zusammenfassung – SQUID	59
4	**HERSTELLUNG GRAPHENBASIERTER MATERIALIEN –ERGEBNISSE**	**60**
4.1	GRAPHITOXID	60
	4.1.1 Graphitoxid mit kleinen Flakes	60
	4.1.2 Graphitoxid mit grossen Flakes	61
4.2	GRAPHITOXID-DISPERSIONEN	62
	4.2.1 Quellung	63
	4.2.2 Kolloide Dispersionen	65
	4.2.3 Herstellung	68
	4.2.4 Nichtwässrige Lösungsmittel	68
	4.2.5 Suspensionen	69
4.3	GRAPHITISCHE KOHLENSTOFFE AUS GRAPHITOXID	69
	4.3.1 Oxalsäure	72
4.4	MEMBRANEN UND BESCHICHTUNGEN	72
4.5	KOMPOSITE	73
4.6	ZUSAMMENFASSUNG DER ERGEBNISSE AUS KAPITEL 4	74
5	**ANWENDUNGEN VON GO, REDGO UND DARAUS ABGELEITETEN MATERIALIEN**	**75**
5.1	BESCHICHTUNGEN UND MEMBRANEN	75
5.2	KOMPOSITE	75
5.3	WEITERE ANWENDUNGSMÖGLICHKEITEN	76
6	**AUSBLICK**	**77**
7	**GRUNDLAGEN**	**79**
7.1	DEFINITION EINER KERAMIK	79
7.2	SI-B-C-N-KERAMIKEN	81
7.3	MONOMERE UND POLYMERE VORLÄUFER	82
	7.3.1 Monomere Vorläufer	82
	7.3.2 Polymere Vorläufer	83
8	**LITERATURÜBERBLICK UND STAND DER TECHNIK**	**84**
8.1	SYNTHESE UND CHARAKTERISIERUNG VON MONOMER UND POLYMER	84
	8.1.1 Monomerer Vorläufer für die hier vorgestellten Keramiken	84
	8.1.2 Polymerer Vorläufer für die hier vorgestellten Keramiken	86
8.2	UMWANDLUNG ZUR KRISTALLINEN KERAMIK	87
8.3	KOMPAKTE KERAMIKEN	89
8.4	KOHLENSTOFFNANOSTRUKTUREN DURCH CVD	89
	8.4.1 Einwandige (SWCNT) und Mehrwandige (MWCNT) Kohlenstoff-Nanoröhrchen [100-102]	89
	8.4.2 Pyrokohlenstoffe (Kohlenstoffkugeln) [107]	90
9	**DIE HERSTELLUNG DER KERAMIKEN – ERGEBNISSE**	**91**
9.1	ZUR SYNTHESE VON MONOMER UND POLYMER	91
	9.1.1 Monomer (TSVB)	91
	9.1.2 Polymer (TCSVB)	94
9.2	UMWANDLUNG DER MOLEKULAREN VORSTUFEN ZUR KERAMIK	95
	9.2.1 Umwandlung zur amorphen Keramik	95
10	**KOMPAKTE STÜCKE DER KERAMIKEN – ERGEBNISSE**	**98**
10.1	SCHNELLE PYROLYSE DER POLYMEREN VORSTUFEN	98

	10.2	Langsame Pyrolyse der polymeren Vorstufen	99
	10.3	Herstellung kompakter Stücke	99
	10.3.1	Sintern der Keramik	99
	10.3.2	Sintern des vernetzten Polymers mit Binder	100
	10.3.3	Sintern des vernetzten Polymers ohne Binder	101
	10.3.4	Auswertung der Warmpressversuche	105
11		**FUNKTIONALISIERTE OBERFLÄCHEN – ERGEBNISSE**	**106**
	11.1	Die Quelle des Kohlenstoffes für die CNTs	106
	11.2	Nickel in Polymer und Keramik	107
	11.3	Kohlenstoffstrukturen im Temperatur-Zeit-Fenster	109
	11.3.1	Aufheizgeschwindigkeit – 50 K/h	109
	11.3.2	Aufheizgeschwindigkeit – 100 K/h	110
	11.3.3	Aufheizgeschwindigkeit – 200 K/h	111
	11.3.4	Zusammenfassung	112
	11.4	Charakterisierung der Kohlenstoffstrukturen	113
	11.5	Anwendungen der Kohlenstoffbeschichtungen	114
12		**AUSBLICK**	**115**
13		**EXPERIMENTELLER TEIL**	**117**
	13.1	Verwendete Geräte	117
	13.2	Synthesen für GO-Materialien	118
	13.3	Synthesen für redGO-Materialien	123
	13.4	Reaktionen /Eigenschaften von GO und redGO	125
	13.5	Synthesen der keramischen Materialien und entsprechender Vorstufen	126
	13.6	Keramisierungen	127
14		**LITERATUR**	**130**
		DANKSAGUNG	**135**

Vorwort

Ein Titel, aber zwei Teile, deren Themen recht unterschiedlich sind, mag der Eine oder Andere denken. Jedoch benennt der Titel der Arbeit die Gemeinsamkeiten –

Graphen-abgeleitete Materialien.

Für den ersten Teil der Arbeit ist dies auf Anhieb klar. Hier geht es um Graphen und Graphit bzw. den daraus weiterentwickelten Materialien. Im ersten Teil spiegelt der Titel also direkt das Programm wider. Aber wie verhält es sich mit Teil 2? Wir werden gleich darauf zurückkommen. Zunächst soll der Gesamthorizont der Dissertation beleuchtet werden.

Ziel der Arbeiten war, extrem stabile Netzwerke darzustellen, zu funktionalisieren und ihre Eigenschaften zu bestimmen. Die Graphenschicht hat mit grosser Wahrscheinlichkeit die grösste mechanische Stabilität all dessen, was mittels des Periodensystems bewerkstelligt werden kann. Graphenartige Schichten wie Bornitrid, so genannte Heterographene gehören natürlich dazu.

Heute weiss man, dass strukturchemische Merkmale nur ein Ausschnitt der Charakteristika von Materialien sind, die Dimensionalität spielt häufig eine ebenso bedeutende Rolle. Die Nanowissenschaften haben das in den letzten zwanzig Jahren eindrücklich belegen können. Die Materialfrage muss also immer das Ganze beleuchten, die Beschaffenheit der Komponenten und ihre Verbindung zum Komposit.

Zu Beginn meiner Dissertation beschäftigte ich mich ausschliesslich mit dem Themengebiet der polymerabgeleiteten Keramiken, bei denen kleinste Patches verschiedener Oligo- bzw. Polymereinheiten verknüpft sind.

Speziell die hier verwendeten Keramiken enthalten in ihren Vorläufern Borazinringe und im Endprodukt neben einer turbostratischen Graphit- auch eine Bornitrid-Phase in nanoskopischer Verteilung.

Borazin ist verglichen mit seinem Kohlenstoffanalogon Benzol isoelektronisch und vom Aufbau isotyp und wird daher auch als anorganisches Benzol bezeichnet. Bornitrid ist verglichen mit seinem Kohlenstoffanalogon Graphit ebenfalls isoelektronisch und eine einzelne Schicht betrachtend ebenfalls isotyp. D.h. Borazin und Bornitrid und somit im weiteren Sinne auch die hier verwendeten Keramiken können als ***Graphen-abgeleitete Materialien*** bezeichnet werden.

Ein grosses Kapitel im ersten Teil der Arbeit widmet sich Kohlenstoffstrukturen, welche direkt aus den keramischen Vorläufern während der Pyrolyse auf den Keramiken abgeschieden wurden. Diese Strukturen sind ebenfalls aus Graphenschichten aufgebaut und somit **Graphen-abgeleitete Materialien**.

Die herausragenden thermischen und mechanischen Eigenschaften der quaternären Si_3N_4-BN-SiC-BC-Keramiken sind denen der binären Randphasen des quaternären Systems bei weitem überlegen. Das quaternäre System hat die positiven Eigenschaften der binären Systeme übernommen und die negativen nicht. Dies ist aber nur aufgrund der homogenen Verteilung aller beteiligten Elemente in einem glasähnlichen Zustand möglich, weil praktisch keine Korngrenzen auftreten. Die ohnehin schon hohen Zersetzungstemperaturen dieser Keramiken können durch eine Erhöhung des Kohlenstoffgehaltes noch heraufgesetzt werden. Wenn man dann noch verbesserte elektrische Leitfähigkeit in das System bringen möchte, bietet sich an, Graphenschichten in das bestehende System einzubauen. Dies ist durchaus nicht abwegig, da sich in der Keramik schon nanoskopisch kleine graphitische Inseln befinden.

Wichtig für einen solchen Einbau von Graphit bzw. Graphen ist allerdings, dass dieses ähnlich nanoskopisch homogen verteilt ist wie die bereits vorhandenen Elemente bzw. Phasen. Es hat also keinen Zweck, Graphitpulver mit dem Polymer-Precursoren zu vermischen. Selbst kleine Russpartikel würden durch ihre Grösse im Mikrometerbereich und durch Agglomerisation letztendlich zu unvorteilhaften Inhomogenitäten führen. Graphitoxid allerdings bietet sich hier an. Wie schon erwähnt, sollten Graphenschichten homogen verteilt und möglichst nicht agglomeriert in die Keramik eingebracht werden. Dies kann gelingen, wenn die Schichten in einem Lösungsmittel mit dem Polymer gemischt werden.

Graphit kann nach derzeitigem Wissen in keinem Lösungsmittel direkt gelöst werden, wohl aber Graphitoxid. Von Graphitoxid ist bekannt, dass es sich kolloid in Wasser dispergieren lässt. Nun ist Wasser kein ideales Lösungsmittel, um mit dem keramischen Vorläufer vermischt zu werden, da auf diese Weise dem System erhebliche Mengen Sauerstoff zugeführt würden. Auch Graphitoxid selber bringt Sauerstoff ins System.

Es musste also versucht werden reduziertes Graphitoxid – isolierte Graphenschichten – in einem sauerstofffreien Lösungsmittel zu dispergieren. Die Versuche dazu waren sehr umfangreich. Die guten Ergebnisse, die nach und nach erreicht wurden, machten Appetit auf mehr. So kam es, dass die Untersuchungen zu Graphitoxid den grössten

Teil der vorliegenden Arbeit ausmachten und somit zu einem eigenständigen Thema wurden.

Zum Glück erlaubt ein Forschen an der ETH solch einen Themenübergang. Dass sich das gelohnt hat, zeigen die Ergebnisse der Arbeit.

Bleibt noch zu erwähnen, dass die geplanten Ergebnisse zu Polymer-Graphen-Mischungen bei der Beendigung dieser Arbeit noch nicht vorliegen, weil sich zu viel Interessantes auf dem Weg dahin aufgetan hat und die Dissertation einen Abschluss finden musste.

Einleitung

„Im Graphit ist die Verbindung der Basisebenen untereinander so gering, dass nicht viel daran fehlt, dass Graphit in ein Haufwerk von 2-dimensionalen Kristallen zerfiele", schreibt Peter Paul Ewald 1923 in seinem Buch *Kristalle und Röntgenstrahlen* [1].

Nicht viel, aber genug. Erst 2004 gelang der Nachweis, dass es möglich ist, einzelne echte Graphenschichten auf einem Probenträger abzuscheiden [2]. Wesentlich daran ist, dass der Nachweis gelang. Das Abscheiden einzelner Graphenschicht-Konglomerate macht jeder von uns schon lange, denn mit jedem Bleistiftstrich erzeugen wir solche Graphenschichtpakete auf Papier.

Einzeln *hergestellte* Schichten liessen auch deshalb so lange auf sich warten, weil Berechnungen die Existenz von 2-dimensionalen Molekülen *verbieten* [3]. Und solche *Verbote* oder Aussagen sind der Suche im Allgemeinen nicht förderlich. Stellt sich sofort die Frage, ob die Berechnungen falsch waren. Das waren sie nicht. Bei genauer Betrachtung erkennt man, dass Graphen, welches ohne Zweifel existiert, dem 2-dimensionalen Zustand ausweicht, indem es sich wellt [4]. Dieses Wellen war auch ein Grund, warum man lange kein Graphen gefunden hat. Wenn die Graphenschichten sehr klein sind, wellen bzw. rollen sie sich sehr stark auf. Dabei entstehen die bekannten 3-dimensionalen graphenbasierten Kohlenstoffe.

Graphen war, ironischerweise, schon vor seiner *Herstellung* das theoretisch am besten untersuchte Material überhaupt, obwohl man an seiner Präparierbarkeit zweifelte. Nach seiner *Herstellung* bestätigten die Experimente verschiedene vorher gemachte Voraussagen. Quanten-Hall-Effekt – auch bei Raumtemperatur – ballistischer Elektronentransport und viele weitere interessante und aussergewöhnliche Eigenschaften machen Graphen für Wissenschaftler zu einem weiten Forschungsfeld [5].

Das stark wachsende Interesse an Graphitoxid, aus welchem Graphen hergestellt werden kann, ist Indiz für die Attraktivität dieses Materials wie in der vorliegenden Arbeit gezeigt wird. Im Jahre 2007 erschienen zu Graphit- bzw. Graphenoxid 54 Veröffentlichungen, 2008 waren es schon 133 und 2009 sogar 336 Veröffentlichungen; für Graphen selber ist die Zahl der Veröffentlichungen seit 2004 auf über 8000 angestiegen.

Um Graphen zu erhalten und den Forschungen zugänglich zu machen, werden heute folgende Wege beschritten:

Graphen, welches den derzeitigen Anforderungen der Physik genügt, wird durch die so genannte Scotch-Tape-Methode aus natürlichem Graphit erhalten [6]. Mit diesem Verfahren ist es aber nicht möglich, grössere Mengen Graphen reproduzierbar und gezielt auf einen Probenträger zu bringen [7]. Um aber eine genügende Menge Graphen bereitzustellen, wird Graphitoxid (GO) als Ausgangsstoff verwendet [8]. Dieses kann im Gegensatz zu Graphit in reinem Wasser kolloid dispergiert werden. So werden einzelne Schichten von Graphenoxid in Wasser erhalten. Das kolloid gelöste GO wird mit einem Reduktionsmittel, wie Hydrazin, zurück zum Graphen reduziert [9]. Das reduzierte kolloide GO muss aber mit Hilfe eines Stabilisators am Koagulieren gehindert werden [10]. Auf diese Weise ist es möglich, grosse Mengen Graphen herzustellen und gezielt abzuscheiden. Ein Nachteil der Methode ist, dass das so erhaltene Material nicht exakt dem Graphen, welches direkt aus Graphit gewonnen wird, entspricht. Somit genügt es den bisherigen Erwartungen der Physiker noch nicht [11]. Trotzdem handelt es sich bei dem aus GO dargestellten Graphen um ein nanoskopisches Material, welches z.B. in Nano-Kompositen einen weiten Anwendungsbereich finden kann [12].

Daraus ergeben sich die folgenden Fragen, welche im ersten Teil der vorliegenden Arbeit in den Blickpunkt gerückt und beantwortet werden sollen.

- **Kann aus Graphitoxid ein dem Graphen gleichwertiges Material dargestellt werden?**
- **Kann die kolloide Graphitoxid-Dispersion thermisch – wie im Falle des trockenen GO-Pulvers – zu Graphen zersetzt werden und somit auf Reduktionsmittel und/oder Stabilisatoren verzichtet werden?**
- **Welche Lösungsmittel mit welchen Eigenschaften können Graphitoxid und daraus abgeleitete Materialien, wie Graphen, kolloid dispergieren?**

Um diese Fragen zu beantworten, muss man sich auch mit der Herstellung von Graphitoxid, Graphen bzw. graphenbasierten Kohlenstoffen aus Graphitoxid und der Charakterisierung und Anwendung dieser Materialien beschäftigen.

Teil 2 der Arbeit beschäftigt sich mit den Si-B-C-N-Keramiken.

Si-B-C-N-Keramiken gehören zu den so genannten Hochleistungskeramiken – sie zeigen hohe thermische und mechanische Belastbarkeit bis 2000 °C und sind oxidationsstabil [13]. Dabei, so könnte man meinen, können diese Keramiken diese hohe Leistung kaum aufbringen, da sie ja amorph sind und somit thermodynamisch instabil. Denn die Umwandlung in den thermodynamisch stabilen kristallinen Zustand führt zu Materialien, welche eine geringere thermische Belastbarkeit aufzeigen [14]. In den Keramiken sind die Elementkombinationen allerdings so, dass die Bindungsenergien weniger von einer langreichweitigen, kristallinen Ordnung als von starken kovalenten Bindungen bestimmt sind und die Kationen einen extrem kleinen Diffusionskoeffizienten besitzen [15-17].

Die Idee auf den Weg zu den amorphen Si-B-C-N-Keramiken ist einfach.

Siliciumnitrid hat hohe mechanische Stabilität und Oxidationsbeständigkeit, zeigt aber geringe Temperaturwechselbeständigkeit. Bornitrid zeigt gute Temperaturwechselbeständigkeit, aber niedrige mechanische Festigkeit. Siliciumcarbid ist sehr temperaturstabil und zeigt grosse Härte, ist aber weniger oxidationsstabil als Siliciumnitrid. Eine Optimierung der Eigenschaften kann durch Kombination der drei Materialien entstehen. Dieses Vorgehen von binären zu multinären Systemen hat sich bei der Eigenschaftsverbesserung von Oxidkeramiken bereits bewährt [18]. Der Wunsch, dass dieses multinäre System am besten noch amorph sein soll, rührt von der Erfahrung mit den bisher verwendeten Keramiken her. Die kristallinen Feststoffe zeigen Sprödbruchverhalten wegen der Spaltbarkeit entlang der Netzebenen. In amorphen Festkörpern sind Netzebenen nicht vorhanden und eine bevorzugte Spaltbarkeit somit nicht möglich. Zum anderen können die nichtabgesättigten Bindungen (dangling bonds) die Rissenergie absorbieren. Wählt man zur Darstellung der Keramiken mindestens drei Elemente aus welche in der Keramik verschiedene Koordinationspolyedern (Si-$(N)_4$, B-$(N)_3$, C-$(N)_{3;4}$), so sollte die Bildung kristalliner Phasen erschwert sein [15-17].

Da es aber nicht möglich ist, Nitride und Carbid aufzuschmelzen und durch geeignetes Abkühlen eine unterkühlte Schmelze zu erreichen (weil sich wenigstens eine Komponente vor dem Schmelzen zersetzt), bleiben nur die metallorganischen Vorläufer, welche die Elemente bereits in geeigneter Weise (z.B. Si und B über C verbrückt) enthalten [16].

Die Keramiken werden über Vernetzung und Pyrolyse der Vorläufer dargestellt. Solch ein Konzept wurde erstmals vor 45 Jahren vorgestellt [17]. Weitere Vorteile einer solchen Methode sind die hohe Reinheit der Vorläufer und die leichte Formgebung des Polymers. Ein schwerwiegender Nachteil ist, dass während der Pyrolyse die entstehenden Abbaugase den polymeren Grünkörper aufblasen und teilweise zerbersten lassen. Weiterhin entstehen Risse in der Keramik durch die starke Schrumpfung während der Pyrolyse. Eine Ausheilung durch Sintern ist, wie schon erwähnt, durch die geringen Diffusionskoeffizienten nicht möglich [15-17].

Als zentrale Frage zum Thema der Si-B-C-N-Keramiken rückt daraus resultierend in den Blickpunkt:

Wie können kompakte keramische Formkörper hergestellt werden?

Im zweiten Teil der vorliegenden Arbeit wird der Versuch unternommen, diesem Problem der Schrumpfung und Rissbildung bei der Herstellung der Si-B-C-N-Keramiken entgegenzuwirken und die Keramik somit als festen, nichtspröden Kompaktkörper herzustellen.

Des Weiteren werden Keramik-Komposit-Materialien mit Kohlenstoffverbindungen vorgestellt, welche nur aus der polymeren Vorstufe in einem in-Situ Verfahren hergestellt werden können.

Graphitoxid

1 Grundlagen

1.1 Graphen

Graphen, die Baueinheit der stabilsten Kohlenstoffmodifikation, ist eine ebene Kohlenstoffschicht, aus miteinander anellierten C_6-Ringen, mit einer Kantenlänge von 1,42 Å. In Abb. 1.1 ist die isometrische Wabenstruktur der Graphenschicht zu erkennen.

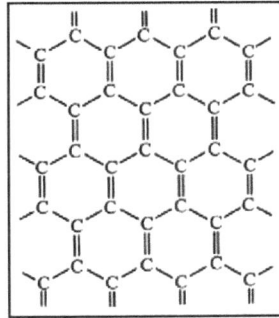

Abb. 1.1: Valenzstrichformel einer Graphenschicht - eine mesomere Grenzstruktur, die allerdings die Isometrie nicht wiedergibt [19].

Der Kohlenstoff in Graphen ist sp^2-hybridisiert und bildet drei lokalisierte σ-Bindungen. Die vierte Valenz ist in über die Schicht delokalisierten π-Molekülorbitalen, welche aus der Kombination der senkrecht zur Schicht stehenden p-Orbitale resultieren und für die elektrische Leitfähigkeit verantwortlich ist, verteilt.

Das zweidimensionale Graphen ist der Grundbaustein (Abb. 1.2) für

- quasi nulldimensionale Fullerene, in welchen zwölf der C_6-Ringe durch C_5-Ringe ersetzt sind und so eine kugelähnliche Form erzwingen
- eindimensionale Kohlenstoffnanoröhrchen, welche durch ein Aufrollen der Graphenschicht gedacht werden können
- dreidimensionales Graphit, aus vielen übereinander liegenden Graphenschichten

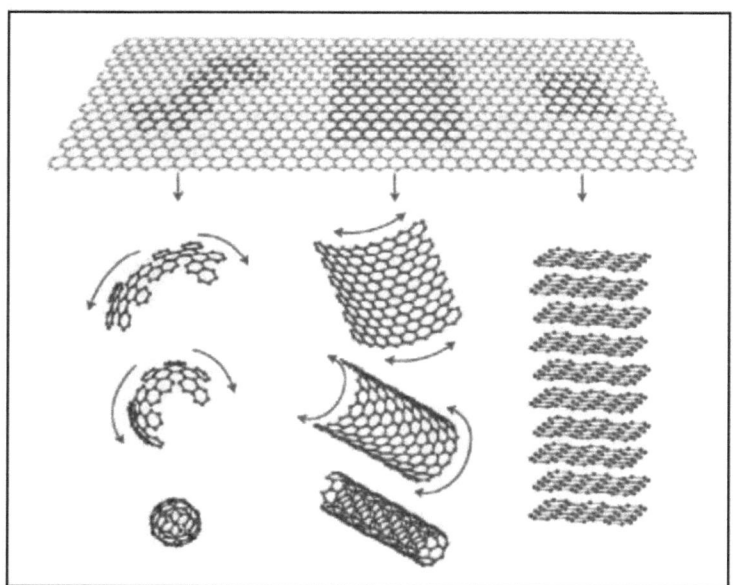

Abb. 1.2: Graphen, die Grundlage aller Graphite [20]

Die dreidimensionale Struktur des Graphits hat eine zweiatomare Basiszelle als Grundeinheit der hexagonalen Modifikation. Das reale Gitter des Graphens hat eine zweiatomare Basis, welche eine hexagonale Struktur von Kohlenstoffatomen erzeugt. Das entsprechende reziproke Gitter hat ebenfalls eine hexagonale Struktur. Die Eckpunkte der ersten Brillouin-Zone (K-Punkte) spielen im Spektrum von Graphit und Graphen eine besondere Rolle. An diesen Punkten berühren sich das Valenz- und das Leitungsband. Demnach haben Graphit und Graphen an den K-Punkten eine verschwindende Bandlücke (Abb. 1.3) und zeigen sehr gute elektrische Leitfähigkeit. In der Umgebung der K-Punkte ist die Energie der Ladungsträger proportional zum Impuls wie bei masselosen und ultrarelativistischen Teilchen. Graphen zeigt einen Quanten-Hall-Effekt bei Raumtemperatur und eine schwache Spin-Bahn-Kopplung [21].

Dieses Verhalten beflügelt die Phantasie vieler Wissenschaftler, z.B. könnte der Einzelelektronentransistor aus Graphen das Silizium als Transistormaterial ablösen. Weniger spektakulär – aber genauso interessant und nützlich – ist die Anwendung in Verbundwerkstoffen, z.B. mit Silizium-Nanoteilchen für Batteriematerialien oder die Herstellung ultradünner Schichten.

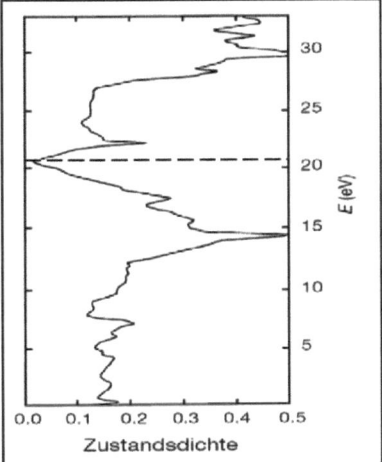

Abb. 1.3: Zustandsdichte von Graphit. Die punktierte Linie markiert das Ferminiveau, Valenz und Leitungsband gehen lückenlos ineinander über [22].

1.2 Graphit

Graphit setzt sich aus übereinander gelagerten Graphenschichten zusammen. Die über bzw. unter einer Graphenschicht liegende Schicht ist verschoben. Dies führt zu einer Schichtstruktur (Abb. 1.4). Die Schichten werden durch Van-der-Waals-Kräfte und schwache π-Wechselwirkungen zusammengehalten. Innerhalb einer Schicht beträgt die Bindungsenergie zwischen den Atomen 4,3 eV. Zwischen zwei Schichten beträgt sie 0,07 eV. Dies erklärt den grossen Abstand von 3,35 Å sowie eine leichte Spalt- und Verschiebbarkeit längs der Schichten, was für die hervorragenden Schmiereigenschaften des Graphits verantwortlich ist.

Die in Abb. 1.4(b) gezeigte Graphitstruktur, mit der Schichtfolge ABAB..., gibt die Struktur der gewöhnlich vorkommenden Modifikation wieder (hexagonaler- oder α-Graphit). Daneben existiert noch eine andere mit der Schichtfolge ABCABC..., die häufig in scherbeanspruchtem Graphit zu finden ist (rhomboedrischer- oder β-Graphit) [19].

Natürlicher Graphit bildet eine graue, undurchsichtige, schuppige leicht zu spaltende Masse der Dichte 2,26 g/cm^3, die sich fettig anfühlt und schwachen Metallglanz aufweist. Die delokalisierten π-Elektronen bedingen – wie im Graphen – eine metallische Leitfähigkeit des stark diamagnetischen Graphits parallel zu den Schichten und bilden ein zweidimensionales Elektronengas. Die Leitfähigkeit des

Graphits senkrecht zu den Schichten ist um Grössenordnungen schlechter als parallel dazu.

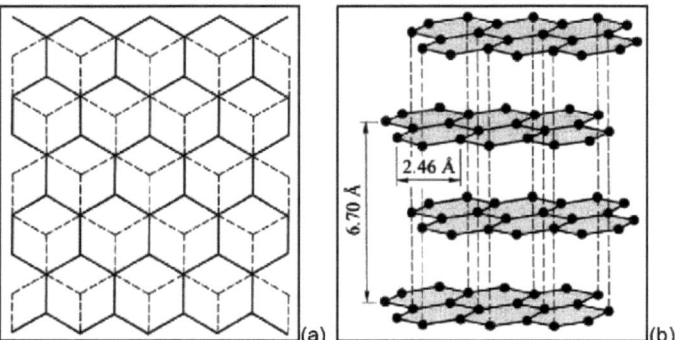

Abb. 1.4 (a): Anordnung der Graphenschichten im hexagonalen Graphit – durchgezogene Linie ist die Ausgangsschicht, gestrichelte Linie die darüber bzw. darunter liegende Schicht;(b) zugehörige Kristallstruktur [6]

Wegen seiner Hitze-, Temperaturwechselbeständigkeit und guten Wärmeleitfähigkeit dient Graphit zur Herstellung temperaturbeständiger Produkte (z.B. Schmelztiegel). Aufgrund seiner chemischen Widerstandsfähigkeit wird Graphit für Schutzanstriche (z.B. Kessel) verwendet. Technisch genutzt werden Graphit-Verbundwerkstoffe in Elektrodenmaterialien, Widerstandsheizungen, Stromabnehmerkohlen, Giessformen, Auskleidungsmaterialien, Wärmetauscher und Moderatoren in Kernreaktoren.

1.3 Graphitische Kohlenstoffe

Graphitische Kohlenstoffe sind Kohlenstoffverbindungen, die auf der Struktur des Graphens bzw. Graphits aufbauen.

1.3.1 Russ

Russ (carbon black) entsteht aus Kohlenwasserstoffen entweder durch unvollständige Verbrennung oder thermische Zersetzung. Die Russe lassen im Elektronenmikroskop lockere Aggregate von kugelähnlichen Teilchen (50 – 1000 Å) erkennen. Die röntgenographisch erfassbaren, kohärent streuenden und kristallisierten Graphitbereiche haben sehr kleine Abmessungen von etwa 30 Å in Schicht- und etwa

1.3.2 Aktivkohlenstoffe

Aktivkohlenstoffe stellen mikrokristalline, porenreiche und graphitartige Kohlenstoffformen dar, die eine ausserordentlich grosse innere Oberfläche aufweisen. Sie lassen sich durch gelindes Erhitzen von organischen Stoffen wie Holz, Torf und Zucker herstellen. Diese Form kann dargestellt werden, indem man nach dem Erhitzen Wasserdampf oder Luft bei 800 °C über Graphit leitet und so Poren in die Schichten *hineinbrennt*.

Aktivkohlenstoffe haben scheinbare Oberflächen von mehr als 1000 m^2/g und erzielbare Porenradien von < 10 bis > 50 Å. Sie werden unter anderem zur Reinigung von Gasen und Flüssigkeiten genutzt [19].

1.3.3 Graphen- und Graphitoxid

Graphenoxid und Graphitoxid leiten sich vom Graphen bzw. Graphit ab, aus dem es hergestellt wird. Es handelt sich um eine nichtstöchiometrische Verbindung, deren Summenformel stark mit den Herstellungsbedingungen variiert [23-24]. Als ideale Summenformel wird $C_8O_4H_2$ angenommen [25]. Die Kohlenstoffatome bilden unverändert Schichten aus anellierten C_6-Ringen. Im Unterschied zu Graphen sind im Oxid aber drei Viertel des Kohlenstoffes nicht sp^2-, sondern sp^3-hybridisiert. Die sp^3-Kohlenstoffe bilden drei σ-Bindungen zu den nächsten Kohlenstoffen in der Schicht und eine σ-Bindung zu einem Sauerstoff ober- oder unterhalb der Schicht. Der Sauerstoff ist als Epoxid- oder Hydroxid-Sauerstoff gebunden. Die Wasserstoffe sind die der Hydroxylgruppe. An den Rändern der Schichten befinden sich auch Carboxylgruppen, wobei ein Rand auch innerhalb grosser Löcher in einer Schicht sein kann.[26]

In Abb. 1.5 ist ein Teil einer Graphenoxid-Schicht zu sehen. Die Verteilung der Epoxid- und Hydroxid-Gruppen ist nicht symmetrisch und es sind kleine graphitische Bereiche zu erkennen. Berechnungen haben gezeigt das solch eine nicht vollkommen durchoxidierte Struktur mit kleinen graphitischen Bereichen stabiler als eine Struktur ist in welcher alle Kohlenstoffe sp^3-hybridisiert und funktionalisiert sind[27].

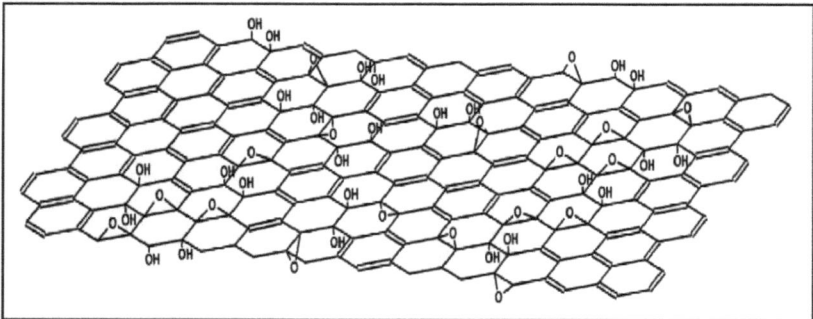

Abb. 1.5: Graphenoxid-Schicht [28]

Ebenso wie Graphit sich aus übereinander gelagerten Graphen-Schichten zusammensetzt, besteht Graphitoxid aus übereinander gelagerten Graphenoxid-Schichten. Durch den grossen Schichtabstand von mehr als 6 Å und die unregelmässige Verteilung der funktionellen Gruppen gibt es keine geordnete Struktur. Die Schichten sind gegeneinander verdreht und verschoben, besitzen also eine so genannte turbostratische Anordnung [29]. In Abb. 1.5 ist nicht zu sehen, dass die Schichten durch den sp^3-hybridisierten Kohlenstoff teilweise gewellt sind [28]. Die Eigenschaften des Graphitoxids schwanken stark mit dem Oxidationsgrad. Die Dichte liegt zwischen 1,76 bis 1,94 g/cm^3 [25]. Die Farbe reicht von schwarzbraun bis elfenbeinweiss. GO ist elektrisch nicht leitend und zeigt schwachen Diamagnetismus, es ist thermisch wenig stabil und zerfällt bei Temperaturen über 200 °C zu Kohlenoxiden, Wasser und graphitischem[30] Kohlenstoff.

Eine besondere Eigenschaft des Graphitoxides ist seine Wasserlöslichkeit, die zur Bildung kolloider Dispersionen führt [31]. Durch Eintrocknen und anschliessender Reduktion dieser Dispersionen werden Graphitmembranen und Graphitfolien hergestellt [32-33]. Genutzt werden können solche kolloiden Lösungen einzelner Graphenschichten z.B. für die Herstellung von Batteriematerialien, Superkondensatoren und für sehr dünne graphitische Beschichtungen [25].

2 Literaturüberblick und Stand der Technik

2.1 Graphitoxidherstellung

Graphitoxid (GO) entsteht bei der Einwirkung starker Oxidationsmittel auf Graphit bzw. auf Graphitverbindungen.

Beim Staudenmaier-Verfahren [34] wird Graphit mit Schwefelsäure, Salpetersäure und Kaliumchlorat oxidiert. Hummers und Offeman [35] verwenden Kaliumpermanganat in konzentrierter Schwefelsäure. Besonders helles und stabiles GO wird nach dem ältesten, von Brodie [36] beschriebenen Verfahren mit Kaliumchlorat und Salpetersäure erhalten. Die nach diesen Verfahren hergestellten Präparate unterscheiden sich in Farbe, Zersetzungstemperatur und Schichtabstand. Nach Brodie gewonnenes GO dunkelt im Sonnen- oder UV-Licht sehr viel langsamer und zeigt höhere thermische Stabilität als GO, nach Staudenmaier. Bei 12-stündigem Erhitzen auf 120 °C bleibt es lichtbraun, während die anderen Präparate dann schon schwarz sind. Das nach Brodie hergestellte GO zeigt die kleinsten spezifischen Oberflächen, was in Zusammenhang damit steht, dass dieses im getrockneten Zustand den kleinsten Schichtabstand aufweist [23, 25].

Die nach den verschiedenen Verfahren hergestellten Präparate unterscheiden sich nur geringfügig in der chemischen Zusammensetzung, aber deutlich im Gehalt an durch Auswaschen nicht entfernbaren Verunreinigungen. Am reinsten ist das nach dem Brodie-Verfahren hergestellte Graphitoxid. Das Endprodukt der Graphitoxidation hängt von der Art des verwendeten Graphits ab. Allgemein liefern natürliche und gut kristallisierte Graphite mit grossen, gut ausgeprägten und regelmässig angeordneten Lamellen rasch ein GO von ähnlicher Beschaffenheit. Dagegen ergeben schlecht kristallisierte Graphite schlecht geordnetes GO und Russe oder Aktivkohlenstoffe bilden gar keines[25].

Zum Oxidationsmechanismus kann gesagt werden, dass Graphit zunächst zum Graphitsalz oxidiert wird. In den Graphitsalzen sind die Anionen zwischen den Kohlenstoffschichten des Graphits eingelagert. Die Moleküle der Säure füllen den restlichen Raum zwischen den Schichten aus.

$$C_{24} + 3\,HNO_3 + 0{,}5\,O_2 \rightleftarrows C_{24}^+NO_3^- \cdot 2\,HNO_3 + 0{,}5\,H_2O$$

Durch die hervorgerufene Schichtaufweitung können die Oxidationsmittel zwischen die Kohlenstoffschichten gelangen:

$$HNO_3 + NaClO_3 \rightleftharpoons HClO_3 + NaNO_3$$
$$3\ HClO_3 \rightleftharpoons 2\ ClO_2 + HClO_4 + H_2O$$
$$ClO_2 \rightleftharpoons 0{,}5\ Cl_2 + O_2$$

Die Bildung des GO erfolgt umso leichter und besser, je mehr Wasser in der Oxidationsmischung vorhanden ist. Jedoch darf der Wassergehalt während der Oxidation eine kritische Obergrenze, bei der die Graphitsalze zersetzt werden, nicht überschreiten. Letztendlich tritt durch Wasser eine Hydrolyse der Graphitsalze ein:

$$C_{24}^+ NO_3^- + H_2O \rightleftharpoons C_{24}OH + HNO_3$$

Die entstehenden Hydroxylgruppen bewirken durch sp^3-Hybridisierung der Kohlenstoffatome eine Störung der ebenen Schichten. In unmittelbarer Nähe dieser Störstellen wird Sauerstoff aus dem Oxidationsmittel angelagert, so dass die Kohlenstoffebenen mit fortschreitender Reaktion vom Rand her aufgespalten und zum GO werden. Die entstehenden Epoxidgruppen befinden sich somit immer in direkter Nachbarschaft zu den Hydroxylgruppen.

$$2\ C_x + ClO_2 \rightleftharpoons 2\ C_xO + 0{,}5\ Cl_2$$

Demzufolge werden Hydroxyl- und Epoxidgruppen bevorzugt auf den Graphenschichten, Carboxylgruppen aber am Rand der Schichten gebildet. Die Hydroxylgruppen können durch Keto-Enol-Tautomerie zu Carbonylen umgelagert werden, wenn sie sich am Rand der Schichten befinden. Wie in Kapitel 1 dargelegt, hat GO die als ideal angenommene Summenformel $C_8O_4H_2$. Dies zeigt, dass GO nicht vollständig oxidiert ist und noch Bereiche konjugierter Doppelbindungen vorhanden sind [24].

2.2 Suspensionen und Dispersionen

Unter einer Dispersion wird ein aus zwei Phasen bestehendes System verstanden. Dabei ist die eine Phase, das Dispergens, in der zweiten Phase, dem Dispersionsmittel, feinst verteilt, wobei allerdings noch keine echte Lösung entsteht [37]. Bei einer Graphitoxid-Dispersion in Wasser ist Graphitoxid das Dispergens und Wasser das Dispersionsmittel. Von einer kolloiden Dispersion wird dem Vorschlag der IUPAC folgend dann gesprochen, wenn das Dispergens in mindestens einer

Dimension im Bereich von 1 nm bis zu 1000 nm liegt [37-38]. Ist die Ausdehnung des Dispergens < 1 nm, wird von einer echten Lösung und ist die Ausdehnung > 1µm, wird von einem grobdispersen System oder Suspension gesprochen. Beispiel für eine echte Lösung ist Mellithsäure in Wasser, Graphitpulver in Wasser für ein grobdisperses System.

Um welche Art Dispersion es sich handelt, kann leicht herausgefunden werden. Eine echte Lösung erscheint dem blossen Auge und im Lichtmikroskop als eine vollkommen klare Flüssigkeit. Eine kolloide Dispersion streut – im Gegensatz zu echten Lösungen – durch die Dispersion gehende Lichtstrahlen (z.B. Laserstrahlen). Eine grobdisperse Suspension erscheint dem Auge nicht mehr als klare Flüssigkeit, sondern als trübe.

GO-Dispersionen zeigen die typischen Stabilitätsmerkmale eines Kolloides. Die Umhüllung mit Wassermolekülen (Hydratation) wirkt stabilisierend auf das Kolloid, die elektrochemischen Doppelschichten um die GO-Anionen als abstossende Kräfte, womit die Koagulation verhindert wird. GO ist eine schwache Säure, welche in Wasser dissoziiert. Der pH-Wert ist 4,6 für eine Lösung von 1g GO pro Liter Wasser [26] Dementsprechend wird die Dissoziation des GO durch Basenzugabe verbessert und durch Säurezugabe verschlechtert. Nicht nur durch Zugabe von H^+, sondern durch Kationen wird im Allgemeinen die elektrochemische Doppelschicht verkleinert. Dadurch können die kolloiden Teilchen geringere Abstände erreichen, bei denen die kurzreichenden Anziehungskräfte wirksam werden, die zu weiterer Annäherung und schliesslich zur Koagulation führen [39].

Der Punkt, an dem die elektrische Ladung des Kolloids gerade kompensiert ist, heisst isoelektrischer Punkt. Es ist leicht verständlich, dass mehrwertige Ionen wegen ihrer grösseren Ladung stärker ausflockend wirken als einwertige. So verhalten sich die Mengen Na^+, Ca^{2+} und Al^{3+}, die zur Ausfällung von GO notwendig sind, etwa wie 1000:10:1[19]. D.h. auch, dass die Alkalimetall-Hydroxide (z.B. NaOH) nur bedingt und die der Erdalkalimetalle sowie die der Erdmetalle keine geeigneten Basen sind, um GO zu lösen, da sie Koagulation bewirken. Aus den genannten Gründen muss für die Herstellung von kolloiden GO-Dispersionen GO benutzt werden, welches frei von Säure und anderen Elektrolyten ist. Gleiches gilt für das verwendete Lösungsmittel. Flüssiges als auch dampfförmiges Wasser wird unter Quellung von GO aufgenommen, dringt zwischen die Schichten ein und vergrössert den Schichtabstand. Proportional dem Wassergehalt wächst dieser von 6Å auf 11 Å. Darüber hinaus kommt es zu kolloider Verteilung von GO in Wasser [40]

Die aktuelle Literatur der Jahre 2008 und 2009 zeigt, dass ein grosses Interesse an nichtwässrigen Lösungsmitteln für Graphitoxid vorhanden ist [41-42]. Die Löslichkeit von GO in den untersuchten Lösungsmitteln wird über die Polarität der Lösungsmittel [41] und über den Hansen-Löslichkeits-Parameter δ_H (Wasserstoffbrückenbindung) sowie die Polarität δ_P erklärt [42].

2.3 Graphitische Kohlenstoffe aus Graphitoxid

2.3.1 Reduktion und thermische Zersetzung von Graphitoxid

Wie im vorherigen Kapitel gezeigt hat Graphitoxid (GO) die Summenformel $C_8O_4H_2$. Nachdem GO in durch verschiedene Verfahren und Techniken weiter behandelt (z.B. Abscheidung als Einzelschicht auf einem Silicium-Wafer) wurde, möchte man es in den meisten Fällen zurück zum Graphit reduzieren – redGO (für reduziertes Graphitoxid). Eine solche Reduktion gelingt mit den verschiedensten Reduktionsmitteln, wie z.B. Lithium-Aluminium-Hydrid oder Hydrazin [43].

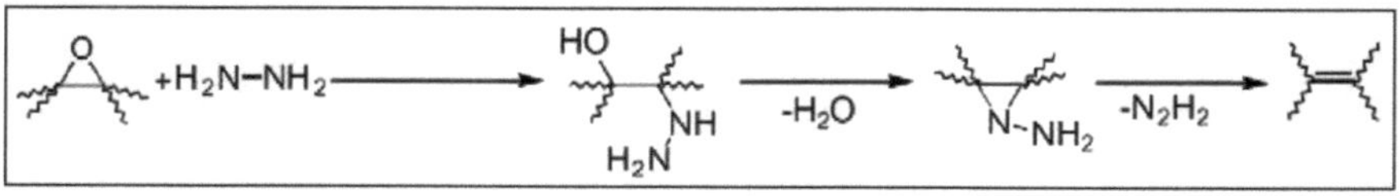

Abb. 2.1: Reduktionsmechanismus mit Hydrazin (nach [43])

Es wird aber üblicherweise in der Literatur auch dann von Reduktion gesprochen, wenn das Graphitoxid thermisch zersetz wird.

$$C_8O_4H_2 \longrightarrow C_6 + CO + CO_2 + H_2O$$

Da aber in diesem Fall kein Reduktionsmittel vorhanden ist darf hier nicht mehr von einer chemischen Reduktion gesprochen werden, wie im Kapitel 3 gezeigt wird.

2.3.2 Herstellung durch chemische Reduktion

Graphitoxid kann chemisch reduziert werden. Geeignete Reduktionsmittel sind beispielsweise salzsaure $SnCl_2$-Lösungen [44], H_2S [45], $NaBH_4$ [46] und N_2H_4 in NaOH-Lösung [47].

Durch SnCl$_2$-Lösung werden bis 68%, durch H$_2$S bis 91%, durch NaBH$_4$ bis 96% und durch N$_2$H$_4$-Lösung bis 82% des Sauerstoffs entfernt. Bei der chemischen Reduktion werden Sauerstoff und Wasserstoff, aber kein Kohlenstoff aus den GO-Schichten entfernt. Nach der Behandlung liegt eine turbostratische Ordnung des Produktes vor.

Die verwendeten Reduktionsmittel lassen sich nur auf Suspensionen von GO anwenden. Kolloide Dispersionen koagulieren bei Zugabe der Reduktionsmittel in sehr kurzer Zeit, so dass es nur schwer möglich ist, Lösungen reduzierter Einzelschichten zu erhalten. Die Reduktion kolloider GO-Lösungen und somit die Darstellung einzelner graphenbasierter Schichten in Wasser wurde auf verschiedenen Wegen erreicht:

- 1962 in verdünnter NaOH-Lösung durch Reduktion mit N$_2$H$_4$-Lösung [47]
- 2005 durch Reduktion mit N$_2$H$_4$-Lösung mit Natrium-Polystyrensulfonat zur sterischen Stabilisierung der Dispersion [48]
- 2008 mit N$_2$H$_4$-Lösung mit NH$_3$ zur elektrostatischen Stabilisierung bei pH 10 [10]
- 2008 in verdünnter KOH-Lösung durch Reduktion mit N$_2$H$_4$-Lösung [49] und
- 2008 durch Reduktion mit NaOH oder KOH (sehr fragwürdig) [50].

2.3.3 Herstellung durch thermische Zersetzung

Pulverförmiges Graphitoxid

Bereits Brodie, der Graphitoxid (GO) 1855 erstmals herstellte, erkannte, dass GO sich thermisch abbauen lässt [36].[1] Thermische Umwandlung von GO findet zwischen 150 und 325°C statt [30]. Dieser grosse Temperaturbereich erklärt sich durch unterschiedliche GO-Ausgangspräparate. Einen Einfluss haben die verschiedenen Herstellungsmethoden, Verunreinigungen, wie Salze, die Aufheizgeschwindigkeit und zwischen die Schichten eingelagertes Wasser In den Graphitsalzen sind die Anionen zwischen den Kohlenstoffschichten des Graphits eingelagert. Die Moleküle der Säure füllen den restlichen Raum zwischen den Schichten aus[30, 32, 51].

---

[1] „...das entstehende Produkt beim Erhitzen unter Gasentwicklung zerfällt. Die zerfallene Substanz unterschied sich im äusseren Ansehen nur wenig von dem ursprünglichen Graphit."

Die thermische Umwandlung ist im Gegensatz zur chemischen Reduktion mit einem Kohlenstoffverlust in die Gasphase verbunden. Die gasförmigen Reaktionsprodukte der Zersetzung sind CO_2, CO und H_2O. Bei 1000 °C sind fast 100% des Sauerstoffs und Wasserstoffs entfernt, was einem Gesamt-Masseverlust von ca. 55% entspricht (vgl. Tab. 4.2 und Kap. 4). Da die entstehenden Gase nicht sofort aus den Zwischenräumen der Schichten entweichen können, kommt es bei sehr schnellem Aufheizen durch Verpuffung und Aufblähen zu einem sehr voluminösen Produkt, in welchem der Kohlenstoff in Paketen mit sehr wenigen Schichten vorliegt [36, 52-53].

Dispergiertes Graphitoxid

Die thermische Zersetzung beschränkt sich nicht nur, wie bisher besprochen, auf trockene GO-Pulver. Es können ebenfalls Suspensionen von GO in verschiedenen Lösungsmitteln thermisch zersetzt werden.

So wird in [54] eine kolloide Dispersion (Nachweis fehlt) von GO (2g/L) in verschiedenen Lösungsmitteln in einem Stahl-Autoklaven reduziert. Es wird **keine** kolloide Lösung des reduzierten GO erhalten, sondern ein Agglomerat. Verschiedene Reduktionstemperaturen wurden untersucht und gezeigt, dass 180 °C (für 16h) die geeignete Reduktionstemperatur ist. Der Einfluss der verschiedenen Suspensionsmittel auf die Reduktionstemperatur ist unwesentlich. Es wird angenommen, dass GO durch das Lösungsmittel (Wasser, Ethanol, Ethylenglykol) reduziert wird. Ein möglicher Reduktionsmechanismus wird jedoch nicht aufgezeigt. Es wird ausgeschlossen, dass eine Reduktion mit Kohlenstoffverlust, wie bei der thermischen Reduktion eines GO-Pulvers im Vakuum, stattfindet, was aber bisher nicht überprüft wurde.

In [55] wird ebenfalls eine Reduktionstemperatur von 180 °C (6h) in Wasser gefunden. Benutzt wurde ein Autoklav mit Tefloninlett. Bei pH-Werten kleiner als 11 wurde ein Agglomerat erhalten. Ein säurekatalysierter Reduktionsmechanismus wird angenommen[2], kann aber nicht nachvollzogen werden. Zum Reduktionsmechanismus der Epoxide werden keine Angaben gemacht. Die Graphenschichten sollen demnach keine Defekte haben. AFM-Aufnahmen sollen einzelne Schichten zeigen, es wird aber an keiner Stelle der Arbeit von einer kolloiden Dispersion gesprochen.

---

[2] „The reduction process is believed to be analogous to the H^+-catalyzed dehydration of alcohol, where water acts as a source of H^+ for the protonation of OH^-."

2.4 Röntgenbeugung an graphitischen Kohlenstoffen

2.4.1 Graphit und graphitische Kohlenstoffe

Durch die dreidimensionale periodische Struktur von Graphit werden Bragg-Reflexe erhalten. Aus dem (002)-Reflex kann die Gitterkonstante in c-, aus den (100)- und (110)-Reflexen die Gitterkonstanten in a- und b-Richtung bestimmt werden. Der (002)-Reflex ist charakteristisch für den Schichtabstand zwischen und der (100)- sowie der (110)-Reflex für den Atomabstand innerhalb der Ebenen (Abb. 3.1) [29].

Mit abnehmender Schichtenzahl im Graphitkristall wächst der Schichtebenenabstand von 3,35 Å auf 3,59 Å. Dafür tritt eine Kontraktion der Schichtebene auf, die die a-Achse von 2,46 Å auf 2,40 Å verkleinert. Das bedeutet, dass die schwächste Bindung – diejenige zwischen den Schichtebenen – noch schwächer wird und somit eine lamellare Auflockerung der Struktur stattfindet. Diese Schichtaufweitung hat zur Folge, dass die Schichten sich gegeneinander verdrehen und verschieben. Verdrehungen um mehr als 10 ° um die Schichtnormale haben die Auslöschung von Reflexen zur Folge. In diesem so genannten turbostratischen Graphit werden nur noch der (002)-, (100)- und (110)-Reflex beobachtet. Der (002)-Reflex ist symmetrisch und kann zur Berechnung des Schichtabstandes und zur Bestimmung der Schichtenzahl – mit Hilfe der Scherrer-Formel – benutzt werden. Wie v. Laue gezeigt hat, haben in solchen turbostratischen Kristallen manche Reflexe – hier (100) und (110) – eine Linienform, die einen steilen Anstieg und einen ganz allmählichen Abfall zu höheren 2Theta-Werten hin aufweist. Trotzdem können aus dem Intensitätsmaximum die Gitterkonstanten berechnet werden [56-57].

Ein dem turbostratischen Graphit ähnliches Verhalten zeigen Russe, Aktiv- und Pyrokohlenstoffe. Diese haben röntgenographisch erfassbare, kohärent streuende und kristallisierte Bereiche sehr kleiner Abmessungen – etwa 30 Å in Schicht- und etwa 20 Å senkrecht zur Schichtrichtung [58]. Eine in der Literatur zu findende Aussage ist, dass jegliches Fehlen von Reflexen (an ausgefällten und getrockneten reduziertem Graphitoxid) bei Pulvermessungen ein Beweis für die Single-Layer-Struktur des Materials ist [50]. Das dem aber nicht so sein kann, wird in Kap. 3 gezeigt.

2.4.2 Graphitoxid (GO)

Im GO sind die Schichtstruktur und die hexagonale Anordnung der Kohlenstoffatome des Graphits erhalten. Etwa drei Viertel der Kohlenstoffatome sind durch die

Oxidation nicht mehr sp^2-, sondern sp^3-hybridisiert und bilden kovalente Bindungen zu Sauerstoff. Durch die nichtstöchiometrische Zusammensetzung, die funktionellen Gruppen und den grossen Schichtabstand von >6 Å ist die Schichtordnung die einzige im GO. In der Literatur wird allgemein angenommen, dass GO eine turbostratische Struktur besitzt [25]. In neuerer Zeit sind aber Veröffentlichungen [59-60] aufgetaucht, die eine AB-Schichtstruktur beweisen. Das dem aber nicht so sein kann wird in Kap. 3 gezeigt.

2.4.3 Thermisch abgebautes Graphitoxid-Pulver

GO-Pulver wird je nach Herstellungsbedingungen zwischen 150 und 320 °C thermisch zersetzt. Die Zersetzung findet kontinuierlich statt [30, 32, 51]. In Kap. 3wird gezeigt, dass die thermische Zersetzung ein diskontinuierlicher Vorgang ist. Bei der thermischen Zersetzung wird ein graphitischer Kohlenstoff mit turbostratischer Struktur erhalten. Mit zunehmender Temperatur wird weiter CO, CO_2 und H_2O abgegeben. Oberhalb 1300 °C findet Kristallwachstum auf Kosten benachbarter Kristallite statt. Der Graphitisierungsvorgang zurück zum kristallinen Graphit beginnt oberhalb 1700 °C [25].

2.4.4 Orientiertes Graphitoxid

„Herstellung und Charakterisierung von Graphenoxid-Papier,, ist der Titel eines *Nature* Artikels von Ruoff und Mitarbeitern aus dem Jahre 2007 [61]. Da wird von einem „new material" berichtet. Dieses orientierte Graphitoxid-Papier ist durchaus nicht neu und wird schon seit über 100 Jahren hergestellt und verwendet [33, 47, 62-65]. Der erste Nachweis das es sich dabei um ein anisotropes Material handelt in welchem die einzelnen GO-Schichten zu einem „Stabel" angeordnet sind gelang Boehm in seiner Dissertation mit Hilfe der Röntgenbeugung – allerdings fehlt in dieser Dissertation ein Beugungsbild. Ruoff [61] zeigt in seinem Artikel ein Beugungsbild Das dieses aber als Beweis einer anisotropen Schichtausrichtung durchaus nicht ausreicht zeige ich in Kapitel 3.

2.5 Ramanspektroskopie

Die Ramanspektroskopie ermöglicht es, zwischen Graphen und Graphit und zwischen GO und redGO zu unterscheiden. Dabei ist die Unterscheidung zwischen einer einzelnen Graphenschicht und Graphit eindeutig. Mit zunehmender Schichtanzahl nimmt die Intensität der D`-Linie ab und es kommt zu einer Verbreiterung und Verschiebung zu höheren Wellenzahlen [66-67]. Somit schien es eine geeignete Methode, um nachzuweisen, dass die erhaltenen Schichten GO und redGO ebenfalls als Einzelschicht vorliegen. Da in der Literatur die Bezeichnung der Banden unterschiedlich ist, werden die möglichen Banden, ihre Bedeutung, Verschiebung in cm^{-1} und die hier benutzte Bezeichnung kurz vorgestellt:

- G-Bande (G für Graphit), tritt bei ca.1587 cm^{-1} bei allen Verbindungen mit sp^2-Kohlenstoff auf.
- D-Bande (D für Defekt) bei ca. 1350 cm^{-1}, tritt bei allen Verbindungen mit sp^3-Kohlenstoff auf.
- D`-Bande (Oberton von D) zwischen 2500 cm^{-1} und 2800 cm^{-1}, tritt in allen graphitischen Verbindungen auf.
- G`-Bande (Oberton von G) bei ca. 3140 cm^{-1}, tritt in allen graphitischen Verbindungen auf.

Diese Angaben gelten für Graphit. Wenn in der Struktur des verwendeten natürlichen Graphits keine oder nur wenige Defekte – sp^3-Kohlenstoffe – vorhanden sind, sind nur die G-, D`- und G`-Bande zu sehen[68-70]. Die Intensität der D-Bande nimmt mit der Anzahl an sp^3-Kohlenstoffatomen zu und ist erst zu sehen, wenn genügend von ihnen vorhanden sind Abb. 2.2 zeigt das Ramanspektrum von defektfreiem Graphen: Die D-Bande zeigt keine Intensität.

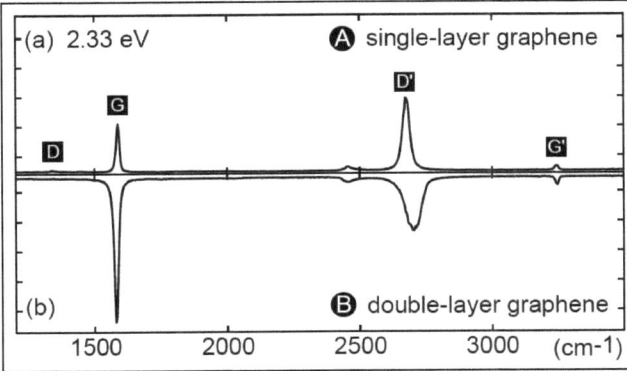

Abb. 2.2: Ramanspektren von Graphen-Mono- und Doppelschichten im Vergleich [67]

2.6 Magnetfeldmessungen -SQUID

Für Graphit werden diamagnetische Suszeptibilitäten von $X\perp = -50$ senkrecht und $X_{\parallel} = -0,5$ parallel zur c-Achse und somit eine sehr hohe Anisotropie gefunden. An mit konz. Salpeter- und Schwefelsäure oxidiertem (blauem) Graphit wird parallel eine sehr geringe sowie senkrecht zur c-Achse eine starke Abnahme auf $X\perp = -1,2$ gemessen. An pulverförmigem Graphitoxid wird $X = 0,5$ gemessen, was auf eine weitere Abnahme von $X\perp$ schliessen lässt [71-72]. Graphit ist das am stärksten diamagnetische unter den nicht supraleitenden Materialien. Das Fehlen von d- und f- Elektronen ist, so wird allgemein angenommen, Grund für nicht vorhandene ferromagnetische Eigenschaften. In den letzten Jahren erschienen Veröffentlichungen über kohlenstoffbasierte Materialien mit ferromagnetischen Eigenschaften bei hohen Temperaturen. In Graphit-Interkalationsverbindungen wurde Supraleitfähigkeit festgestellt (C_6Ca mit $T_C = 11,5K$). Während die Bindungen im Graphit wesentlich für den Diamagnetismus verantwortlich sind, können ungepaarte Elektronen durch Ringveränderungen und gebrochene Bindungen den Paramagnetismus hervorrufen. Wenn in Graphit einige Atome durch dreiwertige Atome (z.B. Bor) ersetzt werden wird ein hohes magnetisches Moment erreicht. Das gleiche kann mit alternierenden sp^2- und sp^3-Kohlenstoffen erreicht werden. Ferromagnetische Verunreinigungen können ausgeschlossen werden [72-73]. Aus diesen Gründen ist es sinnvoll, redGO zu untersuchen, das solche Unregelmässigkeiten zeigt.

Die diamagnetische Suszeptibilität von Graphit kann als Summe dreier Komponenten aufgefasst werden: als ein kleiner isotroper Diamagnetismus von den Ionen, als ein geringer anisotroper Diamagnetismus parallel zur c-Achse, der von den gepaarten Elektronen herrührt (closed-shell-Diamagnetismus), und als ein sehr starker, anisotroper Diamagnetismus vom Landau-Peierls-Typ parallel zur c-Achse (von den freien Ladungsträgern). Zum Diamagnetismus tritt eine paramagnetische Komponente hinzu, die von ungepaarten Elektronenspins kommt. Der sehr hohe Diamagnetismus (Abb. 3.25) im Graphit hat seine Ursache in der Delokalisierung der π-Elektronen über den grossen Bereich der Graphenschichten. Eine Zerstörung der Graphenschichten, z.B. durch Zermahlung, kann zum Zerreissen von C-C-Bindungen führen. Wenn solche gebrochenen Bindungen als freie Valenzen bestehen bleiben, überlagern die ergebenden paramagnetischen Beiträge den Diamagnetismus. Sind die einzelnen kristallinen Bereiche kleiner als 200Å, wird der Diamagnetismus stark abgeschwächt [25].

3 Charakterisierung – Ergebnisse

In dieser Arbeit wurde ausschliesslich natürlicher hexagonaler Graphit verwendet. Zur Charakterisierung standen zwei Sorten GO und daraus abgeleitete Materialien bereit – zum einen GO mit kleinen Flakes (bis 100 nm Schichtdurchmesser), zum anderen mit grösseren Flakes (bis 200 µm Schichtdurchmesser).

Für die Röntgenbeugung, die UV-VIS-Spektroskopie, die Elementaranalyse, die Differenzthermoanalyse, die Infrarotspektroskopie und die magnetischen Messungen wurde nur GO und und daraus abgeleitete Materialien mit kleinen Flakes verwendet. Der Grund ist, dass nur diese in ausreichender Menge (Pulverform) für die aufgeführten Methoden zu erhalten waren. Für die Mikroskopiemethoden wiederum konnten nur die grossen Flakes benutzt werden, weil es zum Finden und zum Abbilden der einzelnen Flakes von Vorteil ist, wenn diese grösser sind. Für die Ramanspektroskopie konnten beide Sorten verwendet werden (Messungen an Lösungen der kleinen Flakes und an einzelnen auf Probenträger abgeschiedenen grossen Flakes).

3.1 Reduktion und thermische Zersetzung von Graphitoxid

Wie in Kapitel 2 gesagt, kann im Falle der thermischen Zersetzung von Graphitoxid nicht von einer chemischen Reduktion gesprochen werden. Was ist es aber dann? Die Reaktionsgleichung

$$C_8O_4H_2 \longrightarrow C_6 + CO + CO_2 + H_2O$$

zeigt, dass auf der Produktseite 3 Kohlenstoffverbindungen unterschiedlicher Oxidationszahl vorhanden sind – C mit 0, CO mit +2 und CO2 mit +4. Graphitoxid selber hat die Oxidationszahl +0.75. Diese Art der Reaktion (ohne Reduktions-oder Oxidationsmittel) wird richtigerweise als **Disproportionierung** bezeichnet.

Wie schon erwähnt, kann aber Graphitoxid auch mit Hilfe von Reduktionsmitteln zurück zum Graphit reduziert werden. Auch die thermische Zersetzung (Disproportionierung) endet mit Graphit als Produkt. Es ist noch nicht für alle Reaktionen die vom Graphitoxid zum Graphit führen vollständig geklärt nach welchem Reaktionsmechanismus (Reduktion oder Disproportionierung) dies funktioniert. In jedem Fall hat aber das Produkt (Graphit) mit der Oxidationszahl 0 einen niedrigeren Wert als das Edukt (Graphitoxid) mit der Oxidationszahl +0.75. Deshalb werden in dieser Arbeit alle graphitischen Kohlenstoffe welche aus Graphitoxid hergestellt wurden auch weiterhin als **redGO** (für **reduziertes Graphitoxid**) bezeichnet. Dies ist auch dadurch gerechtfertigt, weil man ja bei der thermischen Zersetzung von thermischer (und nicht chemischer) Reduktion sprechen darf.

3.2 Röntgenbeugung

Alle Messungen wurden, soweit nichts anderes angegeben, an Pulverproben durchgeführt.

3.2.1 Graphit und graphitische Kohlenstoffe

In Abb. 3.1 ist das Diffraktogramm des in dieser Arbeit verwendeten Ausgangsgraphites (schwarze Beugungslinie), eines turbostartischen Graphites (rote Beugungslinie) welcher aus Graphitoxid durch thermische Zersetzung bei 1000 °C erhalten wurde und eines Aktivkohlenstoffes (blaue Beugungslinie) gezeigt.

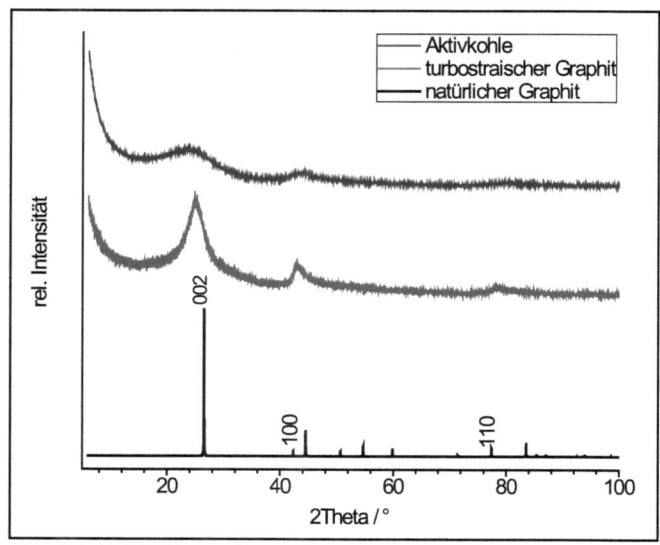

Abb. 3.1: Aktivkohlenstoff, natürlicher und turbostratischer Graphit – Vergleich der Beugungsbilder.

Es ist sehr gut zu erkennen wie der (002)-Reflex des turbostartischen Graphites und der des Aktivkohlenstoffes zu kleineren 2Θ-Werten hin verschoben ist, was den im Gegensatz zu Graphit leicht erhöhten Schichtabstand widerspiegelt.

Die in der Literatur zu findende Aussage das jegliches Fehlen von Reflexen ein Beweis für die Single-Layer-Struktur des Materials ist [50] kann nicht nachvollzogen werden. Es gibt viele Gründe für das Fehlen von allen Reflexen, aber lediglich das Fehlen von bestimmten Reflexen lässt Aussagen über die Schichtstruktur des Materials zu. So zeigt, wie erwähnt, das Fehlen von (hkl)-Reflexen und die Asymmetrie der noch vorhandenen (hk)-Reflexe turbostratische Struktur an. Einzig das Ausbleiben des (00l)-Reflexes bei gleichzeitiger alleiniger Anwesenheit der (hk)-Reflexe kann auf eine Single-Layer-Struktur hinweisen. Eine solche Beweisführung an einem Pulvermaterial erscheint ausserdem widersinnig, da die einzelnen Schichten (welche in Lösung eventuell vorhanden sind) sich durch die zwischen ihnen herrschenden Van-der-Waals-Kräfte zu einem graphitähnlichen Pulver agglomerieren werden.

3.2.2 Graphitoxid

Graphitoxid zeigt ein dem turbostratischen Graphit ähnliches Beugungsbild (Abb. 3.1 und 3.2) [25]. Dass GO eine turbostratische Anordnung hat, zeigt sich eindeutig darin, dass nur der (001)-Reflex für die Schichtebenen und die (hk)-Reflexe (11) und (10) vorhanden sind. Die beiden (hk)-Reflexe zeigen die typische asymmetrische Intensitätsverteilung, welche auf eine nichtgeordnete Schichtstruktur deutet (Abb. 3.2). Die in der Literatur [59-60] zu findenden Aussagen das GO eine AB-Schichtstruktur besitzt sind nicht schlüssig und widersprechen denen der vorliegenden Arbeit, welche eindeutig eine turbostratische Anordnung ergeben.

3.2.3 Thermisch reduziertes Graphitoxid-Pulver

In-situ-Reflexionsmessungen an GO in Abhängigkeit der Temperatur zeigen – in Übereinstimmung mit DTA-Messungen –, dass die Reduktion nicht kontinuierlich, sondern diskontinuierlich, hier bei 192 °C (Abb. 3.3, blaue Kurve) stattfindet.

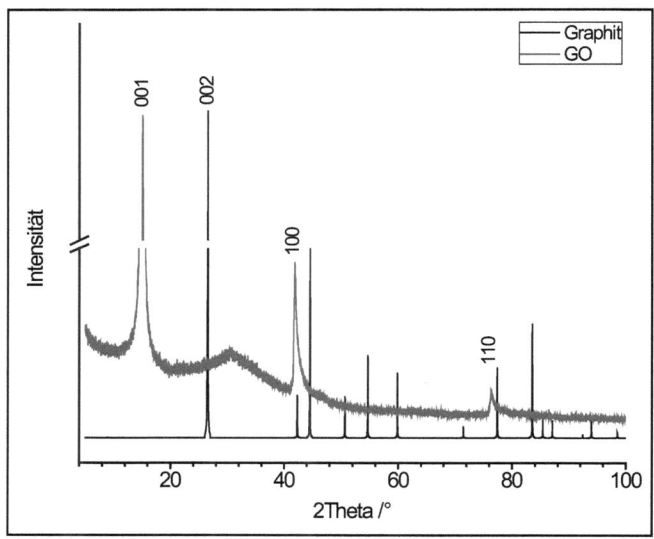

Abb. 3.2: Graphitoxid und natürlicher Graphit – Vergleich der Beugungsbilder.

Bei kontinuierlichem Übergang sollte das Diffraktogramm keine zwei einzelnen, sondern einen sehr breiten Reflex geringer Intensität zeigen. Bei 192 °C werden etwa 65% des Sauerstoffs entfernt (vgl. Kap. 3.5, DTA-Messung, wobei eine Verschiebung des (001)-Reflexes um 5° 2Θ bei einer definierten Temperatur auftritt. Die restlichen 35% des Sauerstoffs werden bis ca. 1000 °C kontinuierlich entfernt – Verschiebung des Reflexes um 5° 2Θ in einem Temperaturbereich von 200 bis 800 °C (Abb. 3.4). Die gefundene Übergangstemperatur ist nicht eine Verpuffungstemperatur. Durch sehr langsames Aufheizen – mit 0,1 K/min (vgl. Kap. 3.5, DTA-Messung) – wurde eine solche Verpuffung verhindert. Dies zeigt auch der unveränderte Habitus der vermessenen Proben nach der Reaktion. Für die Zersetzung des GO wird in der Literatur ein kontinuierlicher Verlauf angegeben [25, 32]. Diese Aussage kann mit den erhaltenen Ergebnissen nicht bestätigt werden. Ein Grund für diesen Widerspruch kann die Art der Untersuchung sein (In-situ- oder Ex-situ-XRD, Aufheizgeschwindigkeit). Festzuhalten ist aber auch, dass ein kontinuierlicher Übergang unwahrscheinlich ist, da es für die Zersetzungsreaktion einer Aktivierungsenergie (entsprechend einer Temperatur) bedarf. Oberhalb dieser (192 °C) kann die thermische Umwandlung stattfinden. Bei der gefundenen Übergangstemperatur werden *Spannungen* (die z.T. durch die Unterschiede von sp^2- und sp^3-Kohlenstoffenatomen auftreten) in der Schicht abgebaut. Die weitere Zersetzung benötigt durch die immer geringer werdenden Spannungen aber immer höhere Energien (Temperaturen) und läuft somit dann tatsächlich kontinuierlich, hier bis 1000 °C gezeigt(Abb. 3.4), ab.

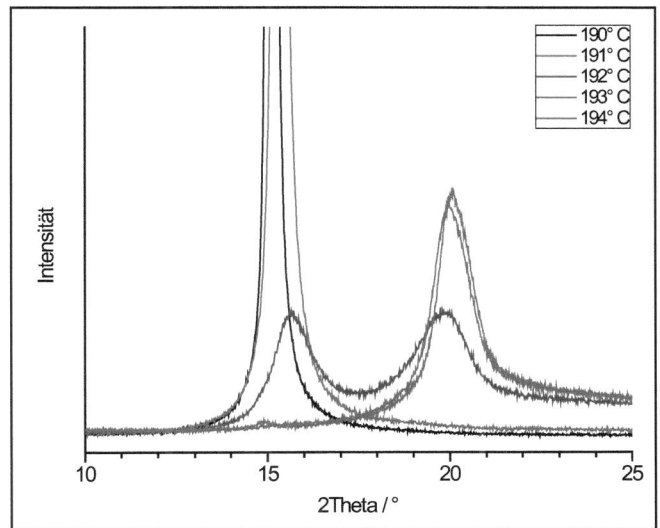

Abb. 3.3: In-situ-Reflexionsmessungen an GO-Membranen in Abhängigkeit der Temperatur.

Eine vorsichtige Interpretation der Literaturergebnisse [25, 32] meinerseits ergibt auch dort eine ausgezeichnete Übergangstemperatur (150 °C bei den TG- und 200 °C bei den XRD-Messungen) und hebt damit den Widerspruch zwischen meinen und den Literaturergebnissen auf.

Die hier aufgeführten In-Situ-Messungen wurden an GO-Membranen, also orientiertem GO, gemacht. Der Reduktionsverlauf wurde am (001)-Reflex verfolgt. Das orientierte GO wurde so auf den Probenträger gelegt, dass die Schichten parallel lagen und anschliessend mit einem Diffraktometer in Bragg-Brentano-Geometrie vermessen wurden. Da auf diese Weise nur die *echten* Schichten die Braggsche-Gleichung erfüllen, können nur (00l)-Reflexe (also der (001) bzw. (002)) erhalten werden. Abb. 3.5 zeigt das Diffraktogramm. Nur der (00l)-Reflex und schwache Reflexe des Probenträgers (Korund) sind zu sehen. Würde es sich nicht um ein orientiertes graphitisches Material handeln, müssten mindestens noch der (100)- und der (110)-Reflex zu sehen sein. Der (100)-Reflex graphitischer Materialien erscheint bei etwa 42 °2Theta. Dieser Messbereich ist wie in Abb. 3.5 gezeigt eindeutig abgedeckt und somit ist die anisotrope Struktur eindeutig bewiesen.

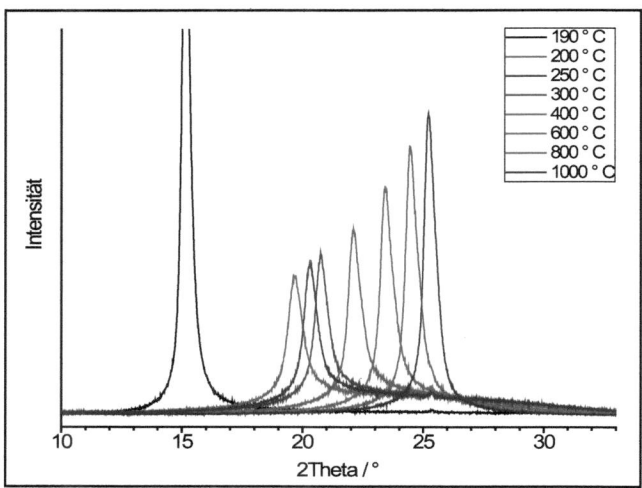

Abb.3.4: In-situ-XRD-Reflexionsmessungen an GO-Membranen in Abhängigkeit der Temperatur. Der kleine Reflex bei 25,3 °2Theta bei den Kurven 190 ° bis 600 °C gehört zum Probenträgermaterial.

Wie in Kapitel 2 bereits angekündigt gibt die aktuelle Literatur [61] die solch ein Material ebenfalls versucht hat darzustellen ein Beugungsdiagramm an welches keinen eindeutigen Beweis für die Schichtstruktur liefert, da nur bis zu einem 2Theta Wert von 40 ° gemessen wurde (Abb. 3.6). Der (100)-Reflex dessen Fehlen ein Beweis für die Anisotropie wäre erscheint aber bei 2Theta Werten um 42,3°.

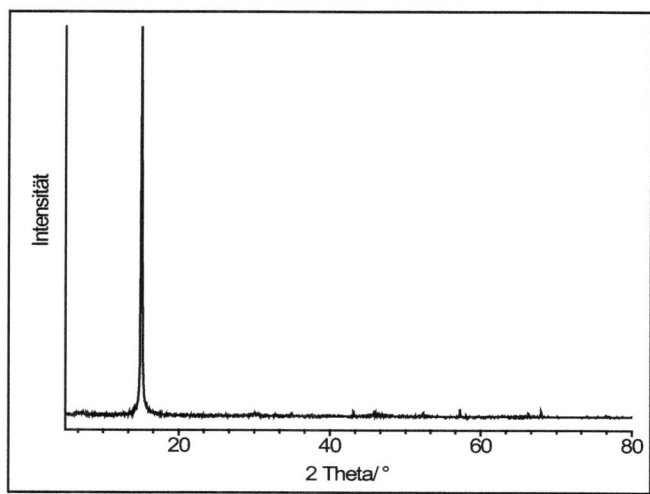

Abb. 3.5: Röntgen-Reflexionsmessung an GO-Membran

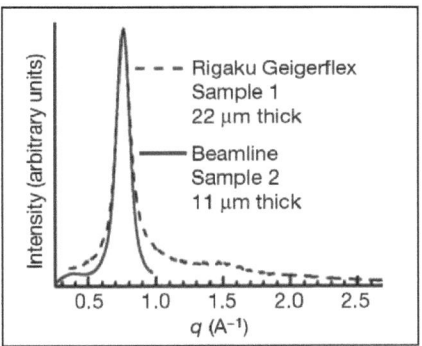

Abb. 3.6 Röntgendiffraktogramm des GO-Materials von Ruoff und Mitarbeitern [61].

3.2.4 Thermisch behandelte Graphitoxid-Dispersionen

Von den thermisch behandelten kolloiden GO-Dispersionen liessen sich keine auswertbaren Diffraktogramme anfertigen. Die maximale Konzentration an Schichten ist mit 2g/l zu gering, um genügend hohe Intensitäten einzelner Reflexe zu bekommen.

Um ein XRD anfertigen zu können, muss das redGO aus der Lösung ausgefällt und getrocknet werden. Das Ausfällen erfolgt durch Ausfrieren oder Aussalzen. Ausgefälltes getrocknetes GO zeigt ein dem turbostratischen Graphit ähnliches Diffraktogramm (Abb. 3.1 und 3.2). Um die Zersetzungstemperatur der kolloiden GO-Dispersionen in Wasser zu bestimmen, wurden diese im Autoklaven unterschiedlichen Temperaturen ausgesetzt, anschliessend das redGO ausgefällt, getrocknet und vermessen. Über Positionsänderung des (001)-Reflexes wurde die Änderung des Schichtebenenabstandes verfolgt. Abbildung 3.7 zeigt, dass die Reaktion bei 130 °C stattfindet.

Der (001)-Reflex ist bei der bei 130 °C behandelten Probe kaum zu erkennen. Dies steht nicht im Widerspruch zu der im vorherigen Abschnitt gemachten Aussage, dass die Zersetzung diskontinuierlich ist. Auch hier liegen zwei Stoffe vor – bereits Zersetztes und Nichtzersetztes GO, bzw. Schichten mit graphitischen und nicht graphitischen Bereichen. Werden diese zusammen ausgefällt, kommt es wahrscheinlich zu den Kombinationen GO-GO, GO-redGO und redGO-redGO. Da die einzelnen (001)-Reflexe, wie bei 120 ° und 140 °C zu sehen, sehr breit sind, kommt es zu einer Überlagerung der drei möglichen Reflexe niedriger Intensität. Es zeigt sich aber bei genauer Betrachtung des Diffraktogramms, dass es wohl wie bei den GO-Membranen nur zwei Reflexe geringer Intensität gibt – hier die (001)-Reflexe von GO-GO und redGO-redGO Schichten. Dass der (100)-Reflex dieses Verhalten nicht zeigt, sondern deutlich bei GO und redGO zu sehen ist, erklärt sich wie folgt: In den Schichten unterschiedlichen Reduktionsgrades liegen sp^2- und sp^3-Kohlenstoff verteilt vor und sind auch untereinander verbunden. Eine saubere Trennung dieser beiden Bereiche ist nicht möglich. Daraus könnte ein Mittelwert resultieren, der einen (100)-Reflex erzeugt, welcher einen 2Theta-Wert zwischen dem von GO und redGO hat.

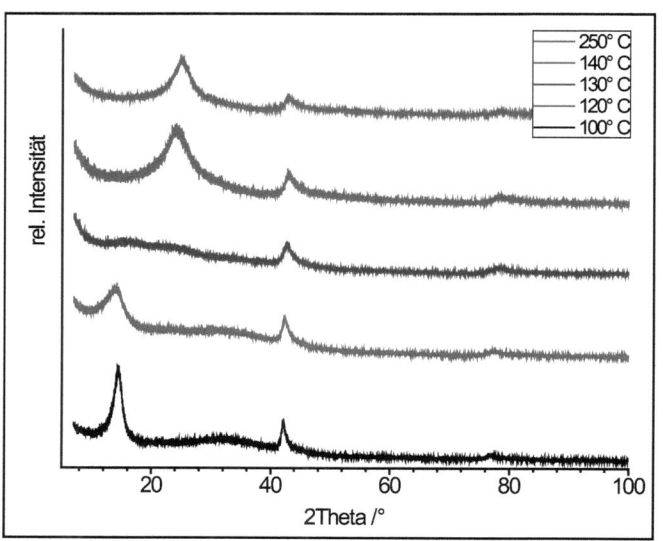

Abb. 3.7: Beugungsbilder von thermisch behandelten kolloiden GO-Dispersionen in Wasser bei unterschiedlichen Temperaturen.

3.2.5 Bemerkungen zur Auswertung der XRD

Wie in Abb. 3.7 zu sehen, kann der (001)-Reflex sehr undeutlich werden. Seine Lage ist aber nicht nur vom Reduktionsgrad abhängig, sondern auch vom Lösungsmittel, hier Wasser, welches sich noch zwischen den Schichten befinden kann. Bei anderen Lösungsmitteln kann sich dieses Problem noch verstärken, da sich viele Lösungsmittel aufgrund ihrer hohen Siedetemperatur nur noch sehr schwer entfernen lassen. Dies führt dazu, dass der (001)-Reflex bzw. sein Intensitätsmaximum verschoben bzw. nur schwer auszumachen ist. Deutlicher ist dann aber das Intensitätsmaximum des (100)-Reflexes zu sehen.

Während sich die (001)-Reflexe von feuchten (wasserhaltigem) und trockenem GO um etwa 7° 2Theta unterscheiden, beträgt der Unterschied beim (100)-Reflex weniger als 0,1°. Im Vergleich zu den 0,1° steht ein Unterschied von 1,1° zwischen den (100)-Reflexen von GO und redGO, unabhängig vom Trocknungszustand. Experimente in dieser Arbeit haben gezeigt, dass beim genauen Verfolgen des (100)-Reflexes bei der Übergangstemperatur ein deutlicher Sprung zu sehen ist. Es ist wichtig, dass bei der Interpretation der (100)-Reflex einbezogen wird, um Fehlinterpretationen (z.B. Lösungsmittel zw. den Schichten) zu vermeiden. Das Gleiche gilt prinzipiell auch für den (110)-Reflex, bei dem der Unterschied sogar 1,8° 2Theta beträgt. Dieser Reflex bzw. sein Intensitätsmaximum tritt aber weniger deutlich hervor.

Wie in Abb. 3.7 gezeigt, lassen sich qualitative Aussagen machen, ob aus einer GO-Dispersion eine redGO-Dispersion wurde. Jedoch kann eine quantitative Aussage zum Zersetzungsgrad nicht gegeben werden, da GO und redGO nichtstöchiometrische Verbindungen sind. Dafür muss die Elementaranalyse mit hinzugezogen werden. Ein Vergleich mit den Ergebnissen der UV-VIS Spektroskopie zeigt Übereinstimmung zu den Ergebnissen der XRD von GO-Dispersionen.

3.2.6 Zusammenfassung der Röntgenbeugung

GO und redGO haben turbostratische Struktur. Die thermische Zersetzung eines GO-Pulvers findet hier bei 192 °C statt und ist erst darüber hinaus kontinuierlich. Die thermische Zersetzung einer GO-Dispersion findet bei ca. 130 °C statt und nicht darüber hinaus. Der (100)-Reflex dient der genauen Verfolgung der Reduktion, da dieser nicht von Lösungsmitteln beeinflusst wird wie die Lage des (001)-Reflexes.

3.3 UV-VIS Spektroskopie

Mit Hilfe der UV-VIS-Spektroskopie können die kolloiden Dispersionen, welche sehr geringe Konzentrationen an Kolloid haben, direkt untersucht werden – im Gegensatz zu der XRD, wo das Material zuerst vom Lösungsmittel abgetrennt werden muss.

Die GO-Dispersion hat ein Absorptionsmaximum von 218 nm, welches sich bis 120 °C Reduktionstemperatur nicht ändert. Bei 140 °C ist die Zersetzung abgeschlossen; λ_{max} liegt bei 250 nm und ändert sich bei höheren Temperaturen nicht.

Dazwischen liegt der Übergangsbereich mit 239 nm, gemessen an der bei 130 °C reduzierten Probe. Diese Ergebnisse decken sich sehr gut mit denen aus der XRD und gelten für Dispersionen mit pH-Wert 6 (Abb. 3.8).

Die Banden lassen sich π-π^* Übergängen zuordnen. GO hat einzelne und kleine Bereiche konjugierter Doppelbindungen, d.h. HOMO und LUMO liegen weit auseinander. Im redGO liegt ein konjugiertes Doppelbindungssystem vor, wodurch sich HOMO und LUMO einander annähern. Damit wird die Übergangsenergie erniedrigt und λ_{max} rotverschoben.

Das Absorptionsmaximum von GO und redGO-Dispersionen anderer Arbeitsgruppen ist im Vergleich zu den vorliegenden Messungen noch weiter rotverschoben – $\lambda_{max}(GO)$=231 nm, $\lambda_{max}(redGO)$=270 nm [10, 55]. Die Erklärung dafür ist, dass deren Dispersionen über einen hohen pH-Wert elektrostatisch stabilisiert werden müssen. Viele Hydroxylgruppen sind deprotoniert und die Elektronen können leichter in das LUMO angeregt werden. Dabei wird der angeregte Zustand stabilisiert und somit bei geringeren Energien absorbiert. Dies ist bei den hier vorliegenden Dispersionen aber nicht der Fall, da diese schon bei pH-Werten von 5 stabil sind.

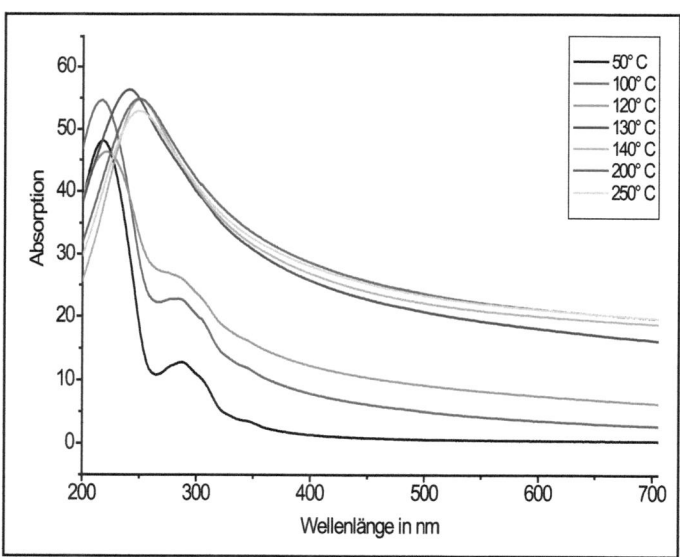

Abb. 3.8: UV-VIS Absorptionskurven von thermisch reduzierten GO-Dispersionen

3.3.1 Zusammenfassung der UV-VIS-Spektroskopie

Quantitative Aussagen zum Reduktionsgrad sind nicht möglich. Anhand der Banden kann lediglich die Aussage getroffen werden, ob eine Reduktion stattgefunden hat oder nicht. Bei Ergebnisvergleich (Banden) mit der Literatur muss der pH-Wert beachtet werden.

3.4 Elementaranalyse (EA)

Der Schichtabstand oder auch λ_{max} von Graphit, GO, redGO und allen möglichen Zwischenstufen zeigt an, ob das vorliegende Material graphitähnlich ist oder nicht. Dies ist aber nur eine qualitative Aussage, welche im Laborbetrieb oft schon ausreicht und schnell und einfach erhalten werden kann. Mit Hilfe der EA wird eine exakte Zusammensetzung der Verbindung bestimmt. Beispielsweise ist es nicht unerheblich, wie viele Hydroxylgruppen sich noch auf den Schichten befinden, wenn das Material für Elektroden in Batterien verwendet werden soll, da diese gewünschte aber auch unerwünschte Reaktionen hervorrufen können. Eine gezielte Einstellung bzw. Kontrolle des Reduktionsgrades kann nur durch EA erreicht werden.

U. Hofmann machte 1939 [74] den Vorschlag, die bei der Verbrennung gefundene Wassermenge von der Summenformel abzuziehen und dann das C/O-Verhältnis zu bestimmen. Dieser Vorschlag wurde aber später nicht konsequent weiter verfolgt, d.h. die Literaturergebnisse sind meist mit Wasserstoff in der Summenformel angegeben. Um aber verschiedene Graphitoxide miteinander vergleichen zu können, ist es sinnvoll, allen Wasserstoff (der in der EA gefunden wurde) als Wasser abzuziehen. Es macht für die Oxidationszahl des Kohlenstoffs in einer Verbindung keinen Unterschied, ob $C_8O_4H_2$ (Oxidationszahl für Kohlenstoff 6/8) oder C_8O (ebenfalls 6/8) angenommen wird. Das C/O-Verhältnis ist im ersten Fall 2 und im zweiten 2,7. Dieses C/O-Verhältnis kann erheblich verfälscht (erhöht) werden, da insbesondere GO, aber auch davon abgeleitete Produkte, stark hygroskopisch sind und das Wasser auch im Vakuum nicht vollständig entfernt werden kann. Das C/O-Verhältnis darf aber nie allein, sondern muss mit Ergebnissen aus anderen Methoden, wie XRD oder UV-VIS, zusammen betrachtet werden. Ansonsten könnte man nicht zwischen reinem, aber stark wasserhaltigem Graphit (z.B. $C_{20}OH_2$) und einer echten Kohlenwasserstoffverbindung (gleicher Summenformel) unterscheiden.

Um die Ergebnisse dieser Arbeit untereinander und mit denen aus der Literatur vergleichen zu können, wurde bei allen C/O-Angaben, auch denen aus der Literatur, vorher der Wasserstoffanteil als Wasser subtrahiert.

3.5 Differenzthermoanalyse und Thermogravimetrie (DTA / TG)

Mit der DTA und TG können die Ergebnisse aus den XRD-Messungen bestätigt werden. Die Reduktion findet bei einer bestimmten Temperatur sprunghaft und bei weiterem Aufheizen nur noch allmählich statt. GO-Pulver darf nicht zu schnell aufgeheizt werden, da es sonst verpufft. Während der Reduktion entstehen neben Wasser noch Kohlenoxide. Diese können bei schneller Reduktion aus den Schichtzwischenräumen schlecht entweichen. Hinzu kommt noch, dass die Reduktion stark exotherm ist und die momentane Reaktionstemperatur weiter erhöht. Dies führt zu Verpuffung, welche im Fall von GO genutzt wird, um höchstlamenaren graphitischen Kohlenstoff herzustellen.

Deshalb wurde bei den DTA/TG Messungen wie bei der XRD eine Aufheizgeschwindigkeit von 0,1 K/ min gewählt (Abb. 3.9). Parallel zu den DTA/TG Messungen wurden mittels Massenspektrometer die entstehenden Gase bestimmt.

Die langsame Aufheizgeschwindigkeit spielt bei der Thermogravimetrie keine Rolle, wohl aber bei der Wärmetönung – die Ursache ist gerätebedingt.

Die TG zeigt zwischen 25 ° und 140 °C einen Masseabfall von 3% durch die Abgabe von Schichtenwasser. Dies ist ein endothermer Vorgang, der über einen Zeitraum von ca. 20 Stunden mit geringem Beitrag stattfindet und deshalb mit der DTA nicht gesehen werden kann. Zwischen 217 ° und 227 °C ist ein Masseverlust von 33%, parallel mit einer stark exothermen Wärmetönung, zu beobachten. Deshalb können in diesem Bereich neben der Wärmetönung auch die Molmassen der freiwerdenden Gase eindeutig bestimmt werden.

In den anderen Temperaturbereichen gilt für die Molmassenbestimmung das gleiche wie für die DTA – zu langsames Aufheizen lässt keine Auswertung zu. Bei den Gasen handelt es sich um CO und CO_2. Im weiteren Verlauf ist der Masseverlust kontinuierlich und gleichmässig. Bei 1000 °C sind noch 48% der Ausgangsmasse vorhanden – abzüglich Schichtenwasser also noch etwa die Hälfte des ursprünglich eingesetzten GO. Die Elementaranalyse des Endproduktes gibt nach Abzug des

Wassers $C_6O_{0,6}$, entsprechend einem C/O Verhältnis von 10. Eine quantitative Auswertung der GO-Reduktion hat wenig Sinn, da, wie schon erwähnt, GO eine nichtstöchiometrische Verbindung ist. Seine Eigenschaften und Zusammensetzung hängen von vielerlei Faktoren ab und somit auch seine Wärmetönung.

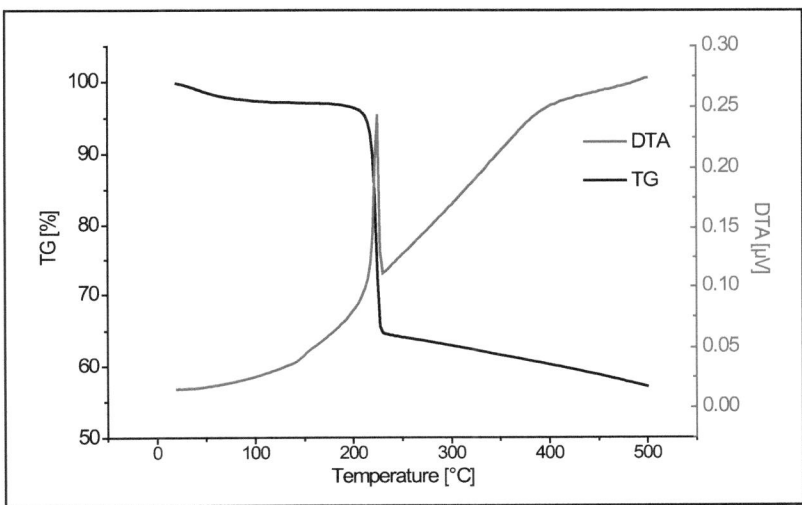

Abb. 3.9: DTA/TG-Messung von GO

Rückblickend auf die Röntgenbeugung kann aus der Thermoanalyse noch folgendes geschlossen werden: Es ist ja nicht zwingend logisch das aus einer Änderung des Schichtabstandes (als Funktion der Temperatur) auch eine Änderung der Zusammensetzung bedeutet. Die Thermoanalyse hier zeigt aber eindeutig, dass dem dennoch so ist. Es kommt bei einer bestimmten Temperatur – hier 217 °C – zu einer sprunghaften Änderung der Zusammensetzung und im weiteren Temperaturverlauf zu einer kontinuierlichen Änderung der Zusammensetzung. Diese Änderung der Zusammensetzung folgt direkt aus der Thermogravimetrie (schwarze Kurve in Abb. 3.9) und der daran angeschlossenen Massenspektroskopie (Abb. 3.10), welche in den entsprechenden Temperaturbereichen CO_2 als Hauptabbauprodukt zeigt (grüne Kurve). Somit kann die Röntgenbeugung alleine dazu benutzt werden um den ungefähren Zersetzungsgrad des Graphitoxids zu bestimmen.

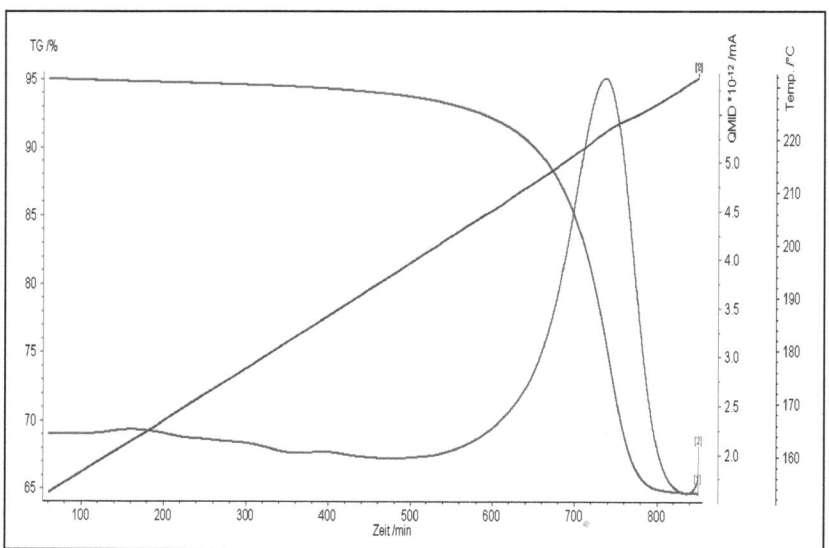

Abb. 3.10: TG-MS der GO-Zersetzung. CO_2-Freisetzung (grüne Kurve) zeitgleich mit dem Masseverlust (rote Kurve).

3.6 Mikroskopie

3.6.1 Transmissions-Elektronenmikroskopie (TEM)

Für die Untersuchungen an GO und redGO mittels TEM wurde versucht, einzelne Flakes auf den Probenträger zu bringen. Für die ersten Versuche standen die kolloiden Lösungen mit den kleinen Flakes zur Verfügung. Mit Hilfe einer Pipette wurden die stark verdünnten Lösungen von GO auf den TEM-Probenträger gegeben und eingetrocknet. Wie zu erwarten, haben sich die Schichten flach auf den Probenträger gelegt. Das Eintrocknen solch grosser Tropfen geschieht relativ langsam. Der Tropfen wird dabei immer kleiner, das GO bleibt aber weiter in der Flüssigkeit und seine Konzentration wird erhöht. Dies führt zu den in Abb. 3.11 gezeigten Schichtpaketen. Einzelne Flakes wurden nicht gefunden.

Aus der redGO-Lösung bilden sich bei gleicher Vorgehensweise in der Hauptsache dem Russ ähnliche Agglomerate, welche aus graphitartig aufgebauten Kohlenstoffbällchen (mit bis zu 50 Schichten) bestehen (Abb. 3.12). Der Schichtabstand liegt für verschiedene Proben zwischen 3,5 und 3,6 Å. Diese dem

Russ ähnliche Struktur deckt sich sehr gut mit den Ergebnissen aus der XRD-Untersuchung, die für redGO erhalten wurden und auf eine solche Struktur deuten.

Es hat sich auch bei weiteren Experimenten im Verlauf dieser Arbeit gezeigt, dass das redGO der kleinen Flakes zur Bildung solch russähnlicher Agglomerate neigt. Deshalb wurden die weiteren Untersuchungen nur mit den grossen Flakes durchgeführt.

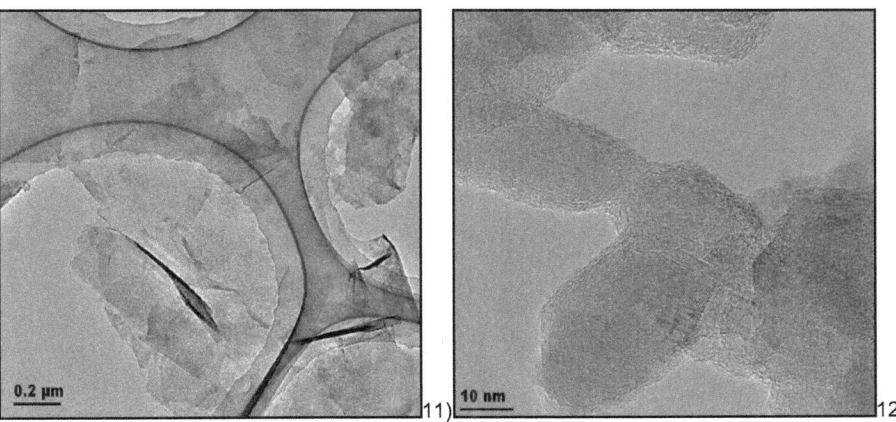

Abb. 3.11: Schichtpakete, erhalten aus kolloiden GO-Lösungen kleiner Flakes
Abb. 3.12: Kugeln, erhalten aus kolloiden redGO-Lösungen kleiner Flakes

Um zu untersuchen, ob die russähnlichen Agglomerate und Schichtpakete schon im Lösungsmittel vorhanden sind oder sich erst beim Abscheiden auf den Probenträger bilden, wurden die Lösungen mit Cryo-TEM untersucht. Dabei werden die Lösungen mit einer Abkühlrate von mehr als 10000K/min eingefroren – unter Bildung einer amorphen wässrigen Phase. Diese beeinflusst den Elektronenstrahl nur wenig, und eingeschlossene Strukturen können leicht untersucht werden.

Wenn GO und redGO in Lösung als Flakes vorliegen, verhindert die schnelle Abkühlrate, dass die Flakes Agglomerate bilden, wie in Abb. 3.13 gezeigt. Die Cryo-TEM zeigt das, GO und redGO Flakes in Lösung vorhanden sind. Es ist aber nicht möglich, zwischen Mono- und Multilayern zu unterscheiden.

Die kontrastreichen dunklen Linien, die auf den Flakes und an deren Rändern zu sehen sind, rühren daher, dass die Flakes nicht glatt, sondern stark gewellt und geknickt sind. Die Falten haben entsprechend einem Mehr an Material einen höheren Kontrast.

Mit den grossen Flakes gelang es, Einzelschichten sowohl von GO (Abb. 3.14) als auch redGO (Abb.3.13) auf einem Probenträger abzuscheiden und sichtbar zu machen. In Abb. 3.15 sind GO-Flakes verschiedener Schichtzahl zu sehen.

m Bereich A ist kein Material vorhanden. Im Bereich B liegt eine einfache Schicht vor. Sie ist kaum zu erkennen, weil sie eine sehr geringe Absorption hat. Alle anderen Flakes, welche gut zu erkennen sind, bestehen aus mehreren Schichten.

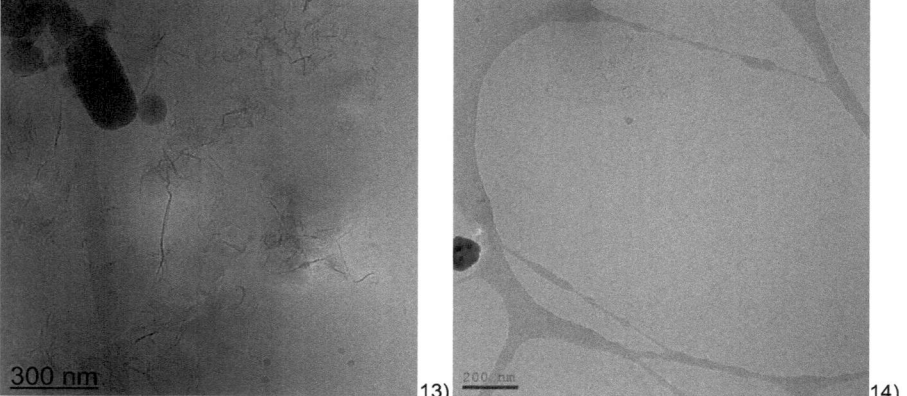

Abb.3.13: Flakes von redGO in Wasser und Eiskristalle (schwarz)
Abb. 3.14: Flake von GO in Wasser (oben Mitte, schwacher Kontrast)

In Abb. 3.16 sind wie in Abb. 3.15 zwei Bereiche zu erkennen. Der untere helle Bereich ist ein unbedecktes Loch und im oberen Bereich bedeckt eine Monoschicht ein weiteres Loch. Auch hier ist der Hinweis auf eine Bedeckung mit einem Monolayer dadurch gegeben, dass zusätzlich zu dem geringen Kontrastunterschied sich noch kleine Partikel auf dem Layer befinden. Es war aber nicht möglich, an diesen Schichten Elektronenbeugung zu machen, da diese dabei zerstört wurden. Im Bereich A ist kein Material vorhanden. Im Bereich B liegt eine einfache Schicht vor. Sie ist kaum zu erkennen, weil sie eine sehr geringe Absorption hat. Alle anderen Flakes, welche gut zu erkennen sind, bestehen aus mehreren Schichten.

In Abb. 3.16 sind wie in Abb. 3.15 zwei Bereiche zu erkennen. Der untere helle Bereich ist ein unbedecktes Loch und im oberen Bereich bedeckt eine Monoschicht ein weiteres Loch. Auch hier ist der Hinweis auf eine Bedeckung mit einem Monolayer dadurch gegeben, dass zusätzlich zu dem geringen Kontrastunterschied sich noch kleine Partikel auf dem Layer befinden. Es war aber nicht möglich, an diesen Schichten Elektronenbeugung zu machen, da diese dabei zerstört wurden.

Der Grund liegt in der Verwendung eines TEM mit einer Arbeitsspannung von 200kV. Diese hohe Energie führt zu einem Ablösen des Graphen von der Kohlenstofffolie und anschliessend zu einem Falten des Graphens [75].

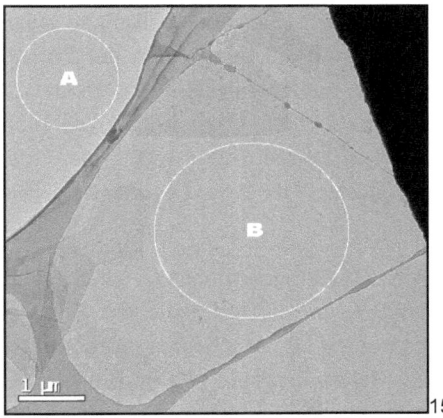 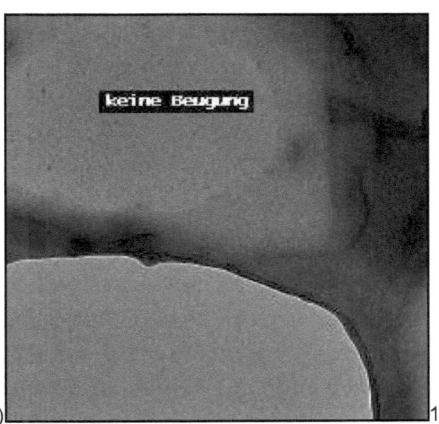

Abb. 3.15: GO-Flakes verschiedener Schichtzahl im TEM
Abb. 3.16: red GO-Flakes im TEM

Ein guter Hinweis für den Singlelayer sind die Partikel, die auf ihm liegen. Der eindeutige Beweis gelingt mit Elektronenbeugung. Im Bereich A der GO-Flakes aus Abb. 3.15 kommt es zu keinen Reflexen, wie in Abb. 3.17 gut zu sehen. Im Bereich B sind aber gut einige Reflexe zu sehen. Misst man die Intensität der Reflexe entlang der in Abb. 3.17 eingezeichneten Linie, also entlang der Reflexe (1-20), (0-10), (-100) und (-210), so ergibt sich folgende Intensitätsverteilung (Abb. 3.18): Die beiden äusseren Reflexe – (1-20), (-210) –

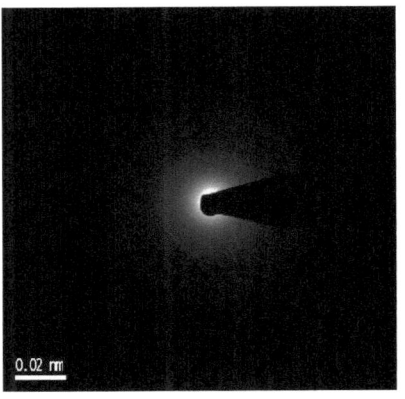 

Abb. 3.17: Elektronenbeugung der in Abb. 3.15 markierten Bereiche, A: Vakuum, B: GO-Schicht
haben eine deutlich geringere Intensität als die beiden inneren. Dies ist ein eindeutiger Beweis für eine einzelne Graphenschicht, wie J. C. Meyer et al [75] gezeigt haben. Dieser Beweis wird hier für Graphenoxid übernommen. Eine Doppelschicht zeigt genau das umgekehrte Verhältnis – die inneren Reflexe haben eine geringere Intensität – und bei Schichtstapeln sind die Intensitäten der Reflexe etwa von gleicher Intensität [75]. So kann diese hier vorgestellte Methode zur Unterscheidung von Mono-, Bi- und Multilayern dienen. Dazu braucht es nicht unbedingt defektfreies Graphen (nur sp^2-Kohlenstoffe) wie bei den Ramanmessungen, sondern mit dem hier verwendeten GO bzw. Graphenoxid lässt sich die Unterscheidung recht gut bestimmen.

Beide Materialien – GO-Monoschichten und redGO-Monoschichten – sind gut als Trägermaterialien für kleinste Strukturen geeignet, um sie mit Hilfe der TEM zu untersuchen. Beispielsweise lassen sich Phagen gut auf GO abscheiden und somit gut untersuchen (Abb. 3.19). Von allen bekannten Materialien sind GO und redGO die dünnsten und geben somit einen sehr geringen Kontrast. Die Untersuchungen an den sehr viel dickeren Phagen werden dadurch kaum beeinflusst. Es hat sich hier gezeigt, dass GO-Monoschichten für solche Untersuchungen besser geeignet sind als redGO-Monoschichten oder Graphene, was auf sehr aufwendige Weise mit Hilfe der Scotch-Tape-Methode gewonnen und auf den Probenträger gebracht wurde [6].

Zum einen sind die GO-Schichten leichter herzustellen, einfacher auf dem Probenträger abzuscheiden, auf diesem stabil und dank der Elektronenstruktur kontrastärmer als Graphene. Des Weiteren hat sich gezeigt, dass die funktionellen Gruppen am GO eine Adsorption vieler biologischer Untersuchungsobjekte fördern (Wasserstoffbrückenbindungen).

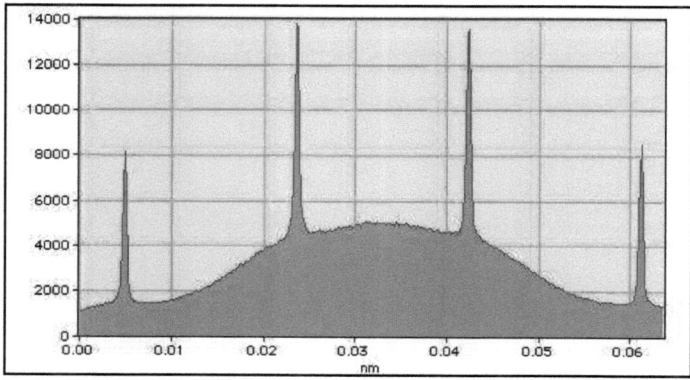

Abb. 3.18: Intensitätsverteilung der Reflexe aus Abb. 14 an Graphenoxid-Monolayer nach TEM-Untersuchungen

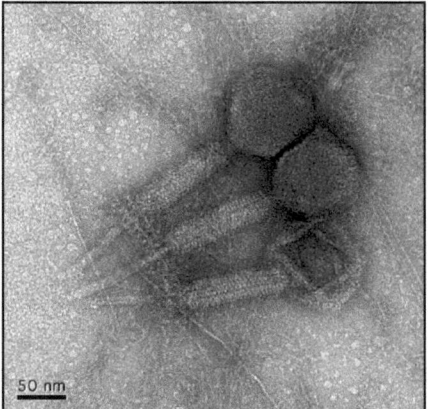

Abb. 3.19: Phage auf GO-Schicht

3.6.2 Atom-Kraft-Mikroskopie (AFM)

Mit Hilfe der AFM konnten in dieser Arbeit einzelne kleine (<50 nm) Graphenoxid-Schichten nachgewiesen werden (Abb. 3.20). Ähnlich den Ergebnissen der TEM zeigte sich auch hier, dass es nicht möglich ist, einzelne Schichten reduzierten Graphitoxids (<100nm) aus einer Lösung heraus auf einem Probenträger abzuscheiden, sondern in diesem Fall waren lediglich dem Russ ähnliche Agglomerate zu finden. Eine Charakterisierung dieser Agglomerate ist aber mit der AFM nicht möglich, da diese zu dick sind und somit keine sinnvolle Auflösung mit der AFM erlauben (Abb. 3.21).

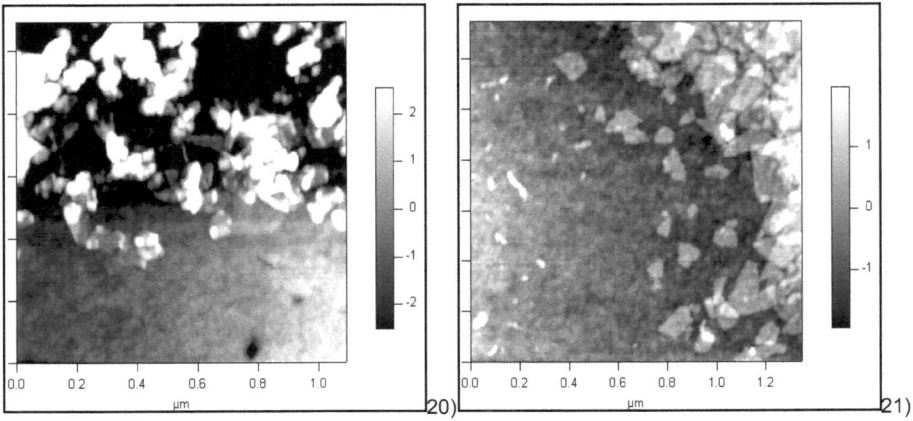

Abb. 3.20: AFM-Bild einzelner GO-Schichten   Abb. 3.21: AFM-Bild abgeschiedenen redGOs

Abb. 3.22 zeigt eine einzelne Graphenschicht. Es sind sehr gut die Falten in den Schichten zu erkennen. Die hellen (rosa) Bereiche sind Verunreinigungen.

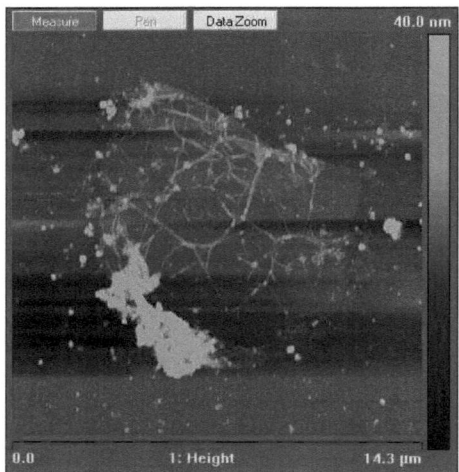

Abb. 3.22: AFM-Bild einer einzelnen redGO Schicht

3.6.3 Lichtmikroskopie

Mit der klassischen Lichtmikroskopie lassen sich bestenfalls Auflösungen von 300 nm bewerkstelligen. Einzelne GO- und Graphen-Flakes mit weniger als 1 nm Dicke liegen weit darunter und können somit nicht aufgelöst werden.

Einzelne Graphen-Flakes auf einen Silicium-Wafer mit einer Oxidschicht von 300 nm gelegt, können aber im Lichtmikroskop (Auflicht) sichtbar gemacht werden [76]. Die einzelnen Flakes sind transparent genug, um das Licht teilweise durchzulassen. Durch Interferenzeffekte werden unterschiedliche Kontraste erhalten, je nachdem, ob eine Monoschicht (schwacher Kontrast) oder ein Schichtstapel (starker Kontrast) auf dem Probenträger liegt.

Damit die Flakes gut zu sehen und zu charakterisieren sind, sollten sie einen Mindestdurchmesser von 5 µm haben. Da die Lichtabsorption von GO und Graphit bzw. redGO unterschiedlich ist, zeigen beide Materialien einen unterschiedlichen Kontrast und sind somit gut zu unterscheiden. In Abb. 3.23 ist ein redGO- und eine GO-Monoschicht zu sehen.

Der Vorteil der Charakterisierung mit dem Auflichtmikroskop ist, dass grosse Bereiche schnell abgesucht werden und so in kurzer Zeit viele Flakes identifiziert werden können. Einmal gefundene Flakes können weiter untersucht werden, da ihre Position auf dem Probenträger bekannt ist. Gerade in der AFM ist dies ein grosser Vorteil, da das Suchen einzelner Flakes auf dem Probenträger mit AFM sehr langwierig ist, da nur sehr kleine Bereiche abgerastert werden können.

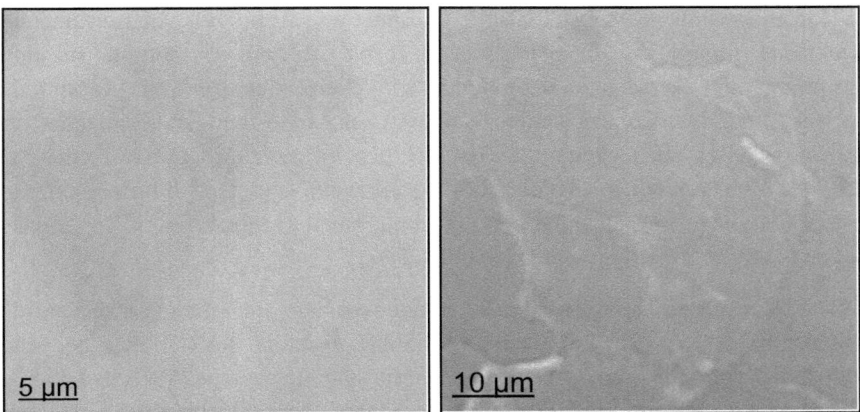

Abb. 3.23: redGO-Monolayer auf Si/SiO$_2$ und GO-Monolayer auf Si/SiO$_2$

3.6.4 Zusammenfassung der Mikroskopieergebnisse

Kleine (< 100 nm) einzelne Flakes von GO sind in Lösung stabil. Kleine einzelne Flakes von Graphit sind in Lösung wenig oder gar nicht stabil, sondern agglomerieren und bilden russähnliche Strukturen. Dementsprechend können keine kleinen redGO-Flakes auf Probenträgern abgeschieden und beobachtet werden. Erst ab Durchmessern grösser 100 nm ist dies möglich. Graphenoxid ist wegen seines geringen Kontrastes ein hervorragendes Trägermaterial in der TEM. Die in Lösung negative geladene Oberfläche und die Möglichkeit zu Wasserstoffbrücken kann gezielt genutzt werden.

Erklärung der Ergebnisse:

Die kleinen redGO Flakes können dem 2-D-Zustand womöglich gut durch Agglomerieren und /oder Aufrollen ausweichen, die grossen Flakes dagegen durch Wellung und Faltenbildung.

3.7 Ramanspektroskopie

Wie erwähnt, dient die Ramanspektroskopie dazu, um eindeutig zwischen Mono- und Multilayern von Graphen unterscheiden zu können. Bei einer einzelnen Schicht hat die D`-Linie eine höhere Intensität als die G-Linie (Vgl. Abb. 2.1). Mit zunehmender Schichtanzahl nimmt die Intensität der D`-Linie ab und es kommt zu einer Verbreiterung und Verschiebung zu höheren Wellenzahlen [66-67]. Leider kann dieses Verhalten nicht benutzt werden, um zwischen Mono- und Multischichten von GO bzw. redGO zu unterscheiden. Es hat sich gezeigt, dass im GO bzw. redGO zu viele Defekte – also nicht sp^2-Kohlenstoffe – vorhanden sind. Dies führt nicht nur zu einer starken Intensitätszunahme der D-Linie, sondern auch zu einer starken Abnahme bzw. Verbreiterung von D` (Abb. 3.24).

Man kann sich aber einen zweiten Effekt zunutze machen, um einen Hinweis auf die Anzahl der Schichten zu bekommen. Im Graphit erscheint die G-Bande bei einer Verschiebung von 1587 cm^{-1}. Dagegen beträgt die gemessene Verschiebung an Graphen- Monoschichten und den vermeintlichen Monoschichten von GO und redGO aber etwa 1595 cm^{-1}. Das heisst, dass mit abnehmender Schichtzahl eine Blauverschiebung stattfindet. Leider ist dies aber kein eindeutiger Nachweis für GO- und redGO- Monolayer, da auch andere Eigenschaften, wie Defekte und isolierte Doppelbindungen, eine Blauverschiebung hervorrufen[77].

Tuinstra und Koenig veröffentlichen 1970 [66] eine Gleichung, die es gestattet, aus den Intensitätsverhältnissen der D- und G-Bande die Grösse L der defektfreien Bereiche im Graphen abzuschätzen. Für die hier verwendeten Geräteparameter lautet sie:

$$L(nm) = 19{,}22 * (I_D / I_G)^{-1}.$$

Wie leicht zu sehen ist und zu erwarten war, nimmt die Grösse mit zunehmender Intensität/Anzahl der Defekte ab. Es wurde das Intensitätsverhältnis von je drei Proben GO und redGO in Lösung und als abgeschiedener Monolayer (?) bestimmt. Wie zu erwarten, zeigte sich in der so bestimmten Grösse der graphitischen Bereiche kein Unterschied, ob das Material in Lösung ist oder abgeschieden auf einem Probenträger vorliegt. Aber überraschenderweise sind die graphitischen Bereiche im GO mit ca. 12 nm Durchmesser grösser als im redGO mit ca. 10 nm. Dies zeigt, dass diese Bereiche während der Reduktion teilweise abgebaut werden, ein möglicher Mechanismus kann leider bisher nicht angegeben werden. Zum Vergleich ist noch ein Graphen-Flake welcher mit Hilfe der Scotch-Tape-Methode gewonnen wurde mit aufgeführt.

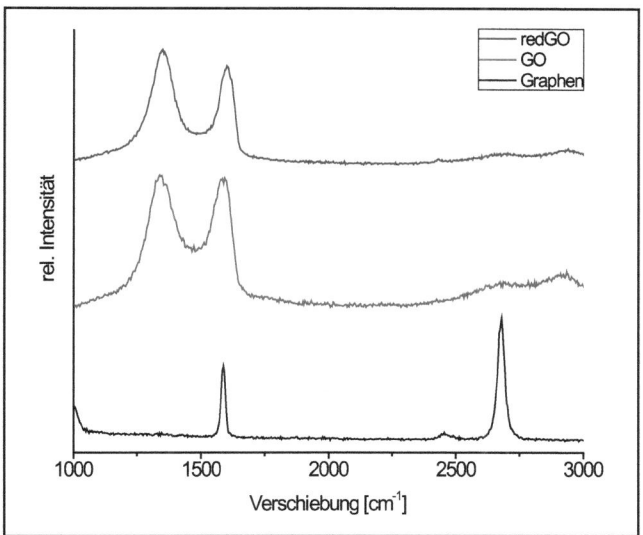

Abb. 3.24: Ramanspektren von Graphen, GO und redGO Monoschichten im Vergleich

3.7.1 Zusammenfassung Raman-Messung

Eine eindeutige Unterscheidung von Mono- und Multilayern GO und redGO ist nicht – wie bei Graphen – möglich. Die kristallinen graphitischen Bereiche sind nicht grösser als 10 nm im Durchmesser.

3.8 Magnetische Messungen – SQUID

SQUID ist die Abkürzung für *Superconducting Quantum Interferenz Device* und dient der Messung von Magnetfeldänderungen. Die Messungen wurden an Pulverproben, orientiertem GO und redGO durchgeführt. Die Art der Abkühlung – Null-Feld-Kühlung bzw. Feld-Kühlung – zeigt keinen Einfluss auf die Ergebnisse und wird nicht interpretiert, sondern nur die Magnetisierung der verschiedenen Materialien in Abhängigkeit der Temperatur (alle Zahlenangaben in 10^{-6} cm^3/g wenn nichts anderes angegeben ist). Graphit und Graphitoxid wurden bereits magnetischen Messungen unterzogen wie in Kap. 2 gezeigt.

Das Erzeugen von Fehlstellen in den Graphen-Schichten führt zum Abschwächen des für Graphit typischen starken Diamagnetismus. Solche Fehlstellen können durch thermische Reduktion von GO eingeführt werden (Abb. 3.25), da Kohlenoxide und damit Kohlenstoff aus dem Gitter entfernt wird. Der hier vermessene Graphit (grüne

Linie) erreicht nicht den Literaturwert von $X_\perp = -50$, da natürliches Graphitpulver mit homogener Verteilung der Kristallite gemessen wurde. Die starke Abnahme von X zwischen 2 und 10 K ist auf die zunehmende Temperatur zurückzuführen und den damit verbundenen entropischen Effekt. Warum es ab 30 K zu einer Abschwächung des Diamagnetismus kommt, ist auch in der Literatur [78] bis heute nicht vollständig verstanden. Der verwendete Graphit ist das Ausgangsmaterial für das GO (schwarze Linie). Das GO zeigt den typischen Diamagnetismus eines Kohlenwasserstoffes ohne ungepaarte Elektronen (X = 1) und ist temperaturunabhängig ($\Delta\chi_{100-300K}=0$).

RedGO (blaue und rote Linien) hat einen sehr geringen Diamagnetismus. Der steile Abfall bei niedrigen Temperaturen und der langsame bei höheren ($\Delta\chi_{100-300K}=0,1$) sind genau wie bei Graphit zu interpretieren. RedGO sollte wie Graphit starken Diamagnetismus zeigen. Wie erwähnt, werden bei der Reduktion viele Defekte und damit ungepaarte Elektronen gebildet, was zu Paramagnetismus führt. Diese Eigenschaft wirkt dem Diamagnetismus entgegen. Bei höherer Temperatur reduziertes GO zeigt durch die stärkere Reduktion auch einen stärkeren paramagnetischen Anteil. Eine andere Erklärung ist, dass die verbliebenen Bereiche defektfreien graphitischen Kohlenstoffs kleiner als 200Å sind und damit den starken Diamagnetismus nicht mehr aufweisen. Dies steht in Übereinstimmung mit den Ramanmessungen, welche auf Grössen von ca. 10nm schliessen lassen.

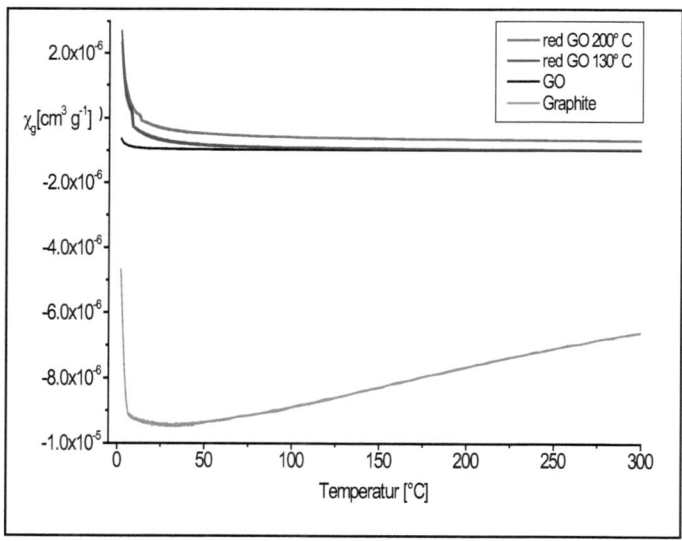

Abb. 3.25: Änderung der magnetischen Suszeptibilität von Graphit, GO und redGO in Abhängigkeit der Temperatur

Dass die hier gemachten Versuche nicht zu einem Material führten, welches Ferromagnetismus (X = 400 cm^3/g) zeigt, wie in [78] vorgestellt, lässt sich gerade auf diese kleinen Bereiche von Graphit zurückführen, in denen keine verschiedenen Weiss'schen Bereiche mehr auftreten. Warum der behandelte Graphit in der Literatur [73, 78] diese Werte zeigt, ist nicht genau bekannt. Angenommen wird eine Zunahme an Defekten in Verbindung mit dem Beschuss durch Protonen [78] oder mit Lasern [72]. Diese Defekte sind gleichmässig über das Material verteilt und können miteinander koppeln, im Gegensatz zu solchen in redGO, wo sich die Defekte an den Rändern der Flakes und somit in Entfernungen befinden, die ein Koppeln über die Schicht nicht zulassen. Darum zeigt redGO nur schwachen und keinen starken Paramagnetismus oder gar Ferromagnetismus. Die Suszeptibilität von Graphitoxidmembranen in Abhängigkeit der Magnetfeldorientierung wurde ebenfalls untersucht. Wie zu erwarten, konnte gezeigt werden, dass GO wie Graphit anisotrope Suszeptibilität zeigt (Abb. 3.26). Dieses Experiment ist ein weiterer Nachweis dafür, dass in den dargestellten Membranen eine geordnete Schichtstruktur vorliegt.

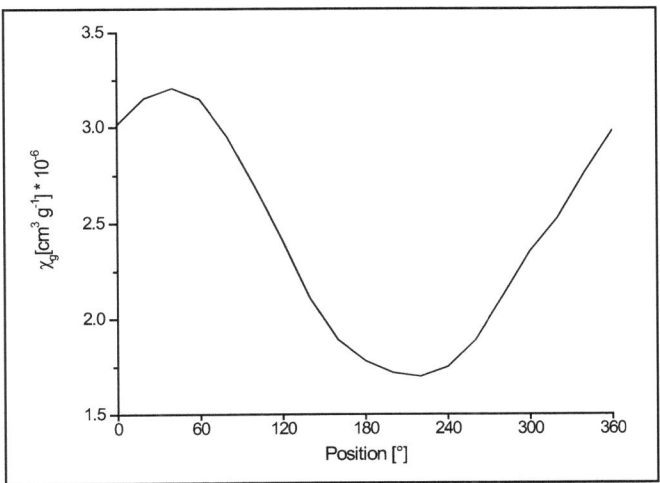

Abb. 3.26: Suszeptibilität einer GO Membran in Abhängigkeit der Magnetfeldorientierung (298 K)

3.8.1 Zusammenfassung – SQUID

Reduziertes GO zeigt durch die während der Reduktion hervorgerufenen Defekte, im Gegensatz zu Graphit, einen schwachen Paramagnetismus. Die graphitischen Bereiche sind kleiner als 200 Å. GO zeigt anisotrope Suszeptibilität.

4 Herstellung graphenbasierter Materialien – Ergebnisse

4.1 Graphitoxid

4.1.1 Graphitoxid mit kleinen Flakes

Das verwendete GO wurde nach Brodie hergestellt, da so das stabilste und reinste GO, verglichen mit den anderen Methoden, erhalten wird. Bei den anderen Verfahren entstehen schwerlösliche Verbindungen (Chromoxide, Manganoxide, Sulfate), welche den nachfolgenden Reinigungsprozess erheblich erschweren und dadurch Folgereaktionen des GO negativ beeinflussen können. Beispielsweise verhindern Salze bzw. Metallionen, die zwischen den Schichten festgehalten werden, die kolloide Verteilung von GO bzw. Graphen in Wasser.

Bei der ersten Darstellung von GO wurde eine Variante der Brodie-Methode benutzt. Brodie selbst nutzte natürlichen kristallinen Ceylon-Graphit, Salpetersäure und Kaliumchlorat. Dieses Gemisch wurde erhitzt, das Oxidationsprodukt hydrolysiert und gereinigt. Das Ganze wurde noch zweimal wiederholt, bis ein elfenbeinfarbenes Produkt – also Graphitoxid – erhalten wurde.

Bei der später benutzten Variante wurde gemahlener technischer Graphit, rauchende Salpetersäure und Natriumchlorat statt Kaliumchlorat verwendet. Natriumchlorat hinterlässt weniger schwerlösliche Verunreinigungen, als z.B. Kaliumperchlorat, im Produkt und es ist leicht hygroskopisch. Dadurch kommen geringe, aber für die GO-Herstellung notwendige Wassermengen in das Reaktionsgemisch. Nach der ersten Oxidation wurde ein braunes Pulver erhalten, in welchem die Schichten einen Abstand von $d = 5,9$ Å haben, welcher dem Literaturwert entspricht [25]. Der Oxidationsprozess wurde zweimal wiederholt und ein elfenbeinfarbenes GO mit Schichtabstand $d = 6,1$ Å erhalten.

Der Reflex mit der höchsten Intensität ist für alle Präparate charakteristisch für den Schichtabstand. Nach der ersten Oxidation ist dementsprechend eine starke und nach der zweiten und dritten Oxidation nur noch eine schwache Zunahme des Schichtabstandes festzustellen.

Die Auswertung der Elementaranalyse ergab die Summenformel $C_8O_{4,03}H_{1,73}$ und somit ein C/O Verhältnis von 2,52 (8/4,03 ist 1,98 und nicht 2,52 – vgl. Kap. 3).

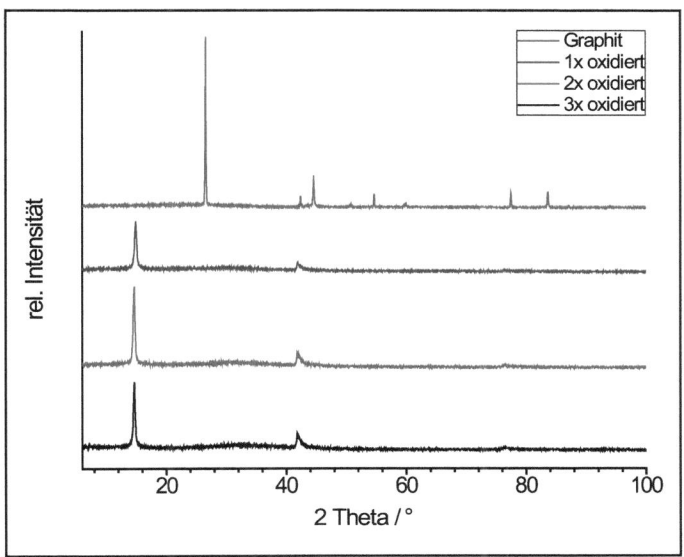

Abb. 4.1: Röntgendiffraktogramme des Ausgangs-Graphits und der entstandenen Graphitoxide.

Ein Ziel dieser Arbeit ist die Isolierung einzelner Graphenoxid- bzw. Graphenschichten. Ausgangsmaterial war stets gemahlener Graphit. Um die Schichten schnell zu erhalten, wurde das GO einer Ultraschallbehandlung unterzogen, wodurch die Schichten zerteilt wurden. Der Durchmesser der GO-Schichten bzw. des daraus erhaltenen Graphens wurde bestimmt. Die Werte liegen in der Regel zwischen 10 und 100 nm. Für weitere Experimente wie Leitfähigkeitsmessungen an einzelnen Graphenschichten sind grössere Schichten wünschenswert.

4.1.2 Graphitoxid mit grossen Flakes

Die Vorgehensweise zur Darstellung von GO mit grossen Schichten ist die gleiche wie im vorherigen Abschnitt. Verwendet wurde hier aber kein fein gemahlener, sondern ein grobflockiger natürlicher Graphit. Natürlicher Flockengraphit hat durch langsame Metamorphose aus Kohlenstoffverbindungen eine sehr gute Kristallinität mit grossen einzelnen Schichtenstücken, im Gegensatz zu künstlichem Graphit, der hauptsächlich durch schnelle Pyrolyse von Kohlenstoffverbindungen hergestellt wird. Bei der Herstellung von GO aus diesem Flockengraphit zeigte sich, dass erst nach der dritten Oxidation ein Schichtebenenabstand von 6,1 Å erreicht wird. Nach den ersten beiden Oxidationen ist der Schichtebenenabstand kleiner als 5,0 Å und das Produkt noch schwarz. Die durch Auswertung der Elementaranalyse bestimmte Summenformel $C_8O_{3,8}H_{1,9}$ zeigt, dass das Produkt einen etwas geringeren Oxidationsgrad mit einem C/O Verhältnis von 2,8 hat. Dieser etwas geringere Gehalt an funktionellen Gruppen hatte aber auf die Experimente, die im Rahmen dieser Arbeit durchgeführt wurden, keinen nennenswerten Einfluss. Der Durchmesser einzelner Schichten von GO bzw. von Graphen betrug bis zu 200 µm und ist drei Grössenordnungen grösser als der Schichtdurchmesser des GO, welches aus technischem Graphit hergestellt wurde. Im Lichtmikroskop lassen sich Schichten mit einem Durchmesser grösser 1 µm finden und für weitere Experimente zugänglich machen (Abb. 4.2). Diese grossen Schichten lassen sich leicht mit Elektroden verbinden, um Leitfähigkeitsmessungen durchzuführen.

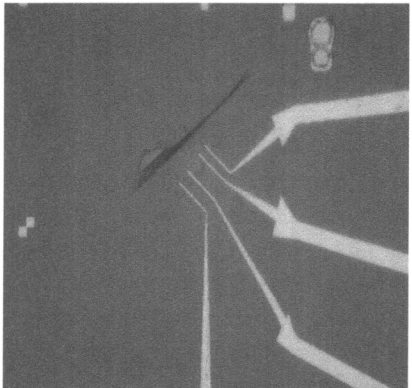

Abb. 4.2: kontaktierte Graphen-Einzelschicht

4.2 Graphitoxid-Dispersionen

Für die verschiedenen in dieser Arbeit vorgestellten kolloiden Dispersionen, welche durch ihre Teilchengrösse als solche definiert sind, sind zusätzlich zu den bereits in Kapitel 2 gegebenen Definitionen noch weitere Unterteilungen notwendig, welche auf physikalisch-chemischen Überlegungen beruhen.

Die Molekülkolloide stellen thermodynamisch stabile, lyophile Systeme dar, die beispielsweise als makromolekulare Lösung existieren. Lyophile Kolloide sind Kolloide, die sich durch direktes Dispergieren bilden und durch das Lösungsmittel solvatisiert werden. Graphitoxid ist ein solches Kolloid, da es sich z.B. in Wasser durch Bildung polarer Wechselwirkungen dispergieren lässt. Es wäre daher genauso richtig, kolloide Graphitoxid-Dispersionen als echte Lösung zu bezeichnen. Da sich aber keine scharfe Trenngrenze zwischen solchen Molekülen und Kolloiden definieren lässt, werden Substanzen < 1000 Dalton als gelöst und Substanzen > 1000 Dalton als kolloid bezeichnet [38, 79]. Kolloid in Wasser gelöstes Graphitoxid kann somit als Molekülkolloid bezeichnet werden.

Bei den Dispersionskolloiden handelt es sich um thermodynamisch instabile Systeme lyophober Kolloide. Lyophobe Kolloide sind nur in solchen flüssigen Dispersionsmitteln herstellbar, in denen das Kolloid unlöslich ist. Graphit ist ein solches Dispersionskolloid, da es sich z.B. in Wasser nicht lösen lässt, sondern durch geeignete Methoden wie Zerkleinerung im Dispersionsmedium verteilt wird. Dispersionskolloide neigen zur Aggregation, so dass eine elektrostatische oder sterische Stabilisierung zur Aufrechterhaltung des kolloiden Zustandes notwendig ist. Kolloid in Wasser dispergiertes Graphit ist somit ein Dispersionskolloid [38, 79].

Die hier getroffenen Unterscheidungen gelten für das Dispersionsmittel Wasser. Es ist aber immer zu beachten, ob das Dispergens in einem lyophilen oder lyophoben Dispersionsmittel verteilt ist. Kolloid in Benzol dispergiertes Graphitoxid beispielsweise ist ein Dispersionskolloid und kein Molekülkolloid, da sich Graphitoxid von Benzol nicht koordinieren lässt.

Abb. 4.3: Kolloide Dispersion von GO und durch HCl-Zugabe koaguliertes GO.

4.2.1 Quellung

Ein Ziel dieser Arbeit war es, kolloide Lösungen von GO mit verschiedenen nichtwässrigen Lösungsmitteln herzustellen. Deshalb wurden in einem ersten Schritt verschiedene Lösungsmittel auf ihr Quellungsvermögen, also auf ihre Fähigkeit, sich zwischen die Schichten einzulagern, getestet. Denn dies ist die Voraussetzung dafür, dass es zur Kolloidbildung kommen kann. Die Schichtabstände von GO unter dem Einfluss verschiedener Lösungsmittel wurden mit Hilfe der XRD bestimmt (Abb.

3.3). Der maximale Ebenenabstand (d_{MAX}) des GO, die Dielektrizitätskonstante (DEK), das Dipolmoment (DM), die Hansen-Löslichkeits-Parameter (δ_H) und (δ_P) sowie die Basizität (β) für getestete Lösungsmittel sind in Tab. 4.1 gelistet.

Für Wasser und Formamid, mit ihrer sehr hohen DEK, werden maximale Schichtabstände erhalten danach kommt es zur Bildung einer kolloiden Dispersion. Viele andere getestete Lösungsmittel, mit hoher DEK, geben ebenfalls grosse Schichtaufweitung, allerdings ohne anschliessende kolloide Verteilung. Aber auch Lösungsmittel mit niedriger DEK geben hohe Schichtabstände. Das zeigt, dass die DEK kein Mass für die Fähigkeit sich zwischen den Schichten einzulagern ist.

Die Dipolmomente der Lösungsmittel lassen ebenfalls keine konsistente Beziehung zu. Dimethylformamid (DMF) beispielsweise hat ein hohes Dipolmoment von 12,8 Debye und führt zu einem hohen Schichtabstand von 10,1 Å. Demgegenüber liefert Dioxan mit einem niedrigem Dipolmoment von nur 1,5 Debye ebenfalls einen hohen Schichtabstand von 14 Å. Weitere Beispiele liessen sich zeigen. Es lässt sich also kein einfacher Zusammenhang zwischen Schichtaufweitung und Dielektrizitätskonstante bzw. Dipolmoment herleiten.

Die Fähigkeit zur Bildung von Wasserstoffbrückenbindungen ist sicher notwendig, damit ein Lösungsmittelmolekül zwischen die Schichten treten und diese auseinander treiben kann. Als Mass kann der Hansen-Löslichkeits-Parameter δ_H verwendet werden, welcher die Dissoziationsenergie der Wasserstoffbrücken im Lösungsmittel widerspiegelt. Lösungsmittel mit niedrigem δ_H, wie Benzol, Hexan und andere einfache Kohlenwasserstoffe, können nicht zwischen den Schichten eingelagert werden. Lösungsmittel mit grossem δ_H, wie Wasser und Ethanol, sowie solche mit mittlerem δ_H, wie Acetonitril, können zwischen den Schichten eingelagert werden. Allerdings kann auch hier kein einfacher Zusammenhang für das Mass der Schichtaufweitung in Abhängigkeit von δ_H gegeben werden. Die Unstimmigkeiten hängen mit der Molekülgrösse zusammen. So kann der Schichtabstand im GO, nach Einlagerung von nur einer einzelnen Molekülschicht Tetraethoxysilan (TEOS), gar nicht kleiner sein als die gefundenen 13,1 Å. Wasser dagegen kann als einzelne Molekülschicht zwischen den GO-Schichten eingelagert sein, wie im trockenen GO mit ca. 6 Å Schichtabstand. Anderenfalls sind mehrere Wasserschichten eingelagert, dann kann der Schichtabstand im GO bis zu 11 Å betragen.

Die untersuchten Lösungsmittel und die verwendeten Parameter lassen lediglich den Schluss zu das für den Hansen-Parameter δ_H ein Wert grösser als 5 (geschätzt) nötig ist, damit ein Lösungsmittel zwischen den Schichten eingelagert werden kann. D.h.

also eine Wechselwirkung über die Wasserstoffbrücken zwischen Lösungsmittel und Graphitoxid ist notwendig.

Die Dielektrizitätskonstante und das Dipolmoment zeigen keinen erkennbaren Einfluss darauf ob ein Lösungsmittel zwischen die GO-Schichten einlagert werden kann und schon gar nicht zu welchem Schichtabstand eine solche Einlagerung führt. Dies ist ein wesentlicher Unterschied zu den Aussagen der Literatur, welche genau gegenteiliges behauptet (Vgl. Kap. 2).

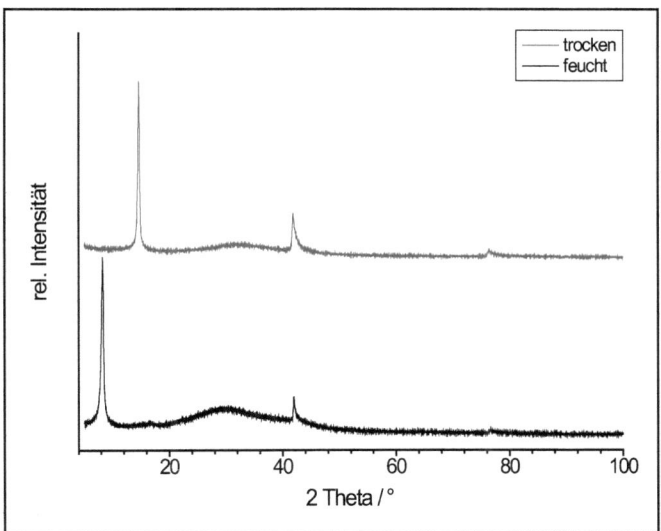

Abb. 4.4: Röntgendiffraktogramme von trockenem und mit Wasser gesättigtem GO.

4.2.2 Kolloide Dispersionen

Nachdem die Parameter ausgewertet wurden, welche Lösungsmittel dazu bringen zwischen die Schichten einzulagern und diese auseinanderzutreiben, musste versucht werden diese weiter einzugrenzen. Dies um zu bestimmen welche Eigenschaften ein Lösungsmittel haben muss um kolloide Dispersionen von GO in diesem zu erhalten.

Zuerst wurde versucht die Literaturergebnisse nachzuvollziehen und eventuell für die eigene Arbeit zu nutzen. Es ist im Rahmen dieser Arbeit nicht gelungen, mit den in der Literatur vorgestellten nichtwässrigen Lösungsmitteln im reinen unverdünnten Zustand kolloide Dispersionen von GO herzustellen. Es kann ausgeschlossen werden, dass dies an dem nach verschiedenen Methoden hergestellten GO liegt, da zur

Überprüfung alle nach den verschiedenen Methoden hergestellten GO-Materialien zur Verfügung standen.

Wie im vorherigen Abschnitt schon gezeigt, ist die Polarität allein kein Mass für die Löslichkeit von GO. Aceton beispielsweise hat ein hohes Dipolmoment ist aber nicht in der Lage GO zu dispergieren, wie in [37] behauptet, da es nur eine sehr geringe Fähigkeit zur Bildung von Wasserstoffbrücken zeigt. Eine Erklärung unter Zuhilfenahme von Polarität (δ_P) und Wasserstoffbrücken-Wechselwirkung (δ_H) erscheint weitreichender, aber offenbar nicht ausreichend [3], da dementsprechend auch GO Ethanol dispergieren sollte, was aber nicht beobachtet wurde.

Kataphorese und andere Versuche zeigen, dass GO in Wasser dissoziiert [25].

Die Ergebnisse der vorliegenden Arbeit lassen den Schluss zu, dass es zu einer Dissoziation des GO nur kommen, wenn das Lösungsmittel eine ausreichend hohe Dielektrizitätskonstante besitzt, wie dies offenbar für Wasser und Formamid der Fall ist (vgl. vorherigen Abschnitt und Tabelle 1). Eine hohe Dielektrizitätskonstante (DEK) erlaubt die Solvatisation von Anionen und Kationen und fördert damit die Dissoziation von GO. Ein absoluter Wert welchen die DEK haben muss kann aber nicht angegeben werden. Von den getesteten Lösungsmitteln, welche GO kolloid dispergieren können, hat Wasser mit 78 die niedrigste DEK. Gleichzeitig ist kein anderes Lösungsmittel besser geeignet Wasserstoffbrückenbindungen mit GO zu bilden. Aber möglicherweise spielt auch die Basizität eine wichtige Rolle.

1 g Graphitoxid $(C_8O_2(OH)_2)_n$ in einem Liter Wasser dispergiert, hat einen pH von 4,6 entsprechend einer Konzentration $c(H^+)$ von 0,025 mmol/L, d.h. nur 0,2 % der –OH Gruppen liegen dissoziiert vor. Dieser geringe Dissoziationsgrad erklärt, dass sich GO in reinem Wasser nur schwer löst. Durch Zugabe von ca. 0,5 mmol NH_3 kann der Dissoziationsgrad auf ca. 2 % erhöht werden, sodass ein schnelles und vollständiges Lösen des GO in Wasser stattfindet. Eine ähnliche Wirkung wird auch mit Formamid beobachtet, dessen Aminogruppe wie das Ammoniak basische Eigenschaften (β) hat. Tabelle 4.1 zeigt alle getesteten Lösungsmittel, die zugehörige maximale Schichtaufweitung und das Ausmass der Kolloidbildung.

---

[3] „Solvents containing high values for the sum $\delta_P + \delta_H$ (greater than about 14) produced a stable colloidal suspension of hydrophilic grapheme oxide [37].

Tab. 4.1: Parameter für Lösungsmittel [36]

Lösungsmittel	d_{MAX} Å	Kolloid J/N	DEK	DM Debye	δ_H	δ_P	β
Aceton	8,9	N	20,7	9,5	7	10,4	0,48
Acetonitril	9,4	N	37,5	11,4	6	18	0,31
Benzol	6,0	N	2,3	0	2	0	0,10
Dimethylformamid	10,1	N	37,0	12,8	11	14	0,69
Dimethylsulfoxid	10,2	N	46,7	13,0	10	16	0,76
Dioxan	14	N	2,2	1,5	9	2	
Ethanol	9,2	N	24,5	5,7	19	9	0,77
Ethylenglykol	9,3	N	37,7	7,6	26	11	0,52
N-Ethylformamid	11,4	J	102,0	13,0	14	10	0,74
Formamid	12,4	J	111,0	11,2	19	26	0,61
Hexan	6,0	N	1,9	0	0	0	0,00
Methylacetamid		J	180,0	14,4	14	19	0,76
N-Methylformamid		J	189,0	12,8	16	19	0,80
N-Methyl-2-Pyrolidin		N	31,0	2,0	7	3	0,77
2-Pyridincarbonitril		J	94,0	19,3			0,68
Tetrahydrofuran	9,1	N	8,0	5,8	8	6	0,55
Wasser	11,0	J	78,0	6,1	42	16	0,18

4.2.3 Herstellung

4.2.4

Ein Graphitoxidpulver wird solange mit destilliertem Wasser gewaschen, dekantiert und zentrifugiert, bis das abgetrennte Wasser auch nach dem Zentrifugieren nicht mehr klar, sondern durch dispergiertes GO getrübt ist. Zum einen zeigt die Trübung an, dass der herstellungsbedingte Säuregehalt und der Gehalt anderer Elektrolyte soweit ist, dass ein Dispergieren des GO möglich wird. Weiteres Waschen ist deshalb nur mit erheblichem Materialverlust verbunden. Es ist nicht möglich, die Dispersion durch Filtrieren weiter zu reinigen, da die feinsten, aber dennoch grossflächigen (>10 µm) GO-Teilchen alle Filterporen verstopfen. Eine alternative Reinigungsmöglichkeit, welche zu saubersten GO führen würde, ist die Dialyse, welche aber sehr zeitaufwendig ist und hier nicht durchgeführt wurde.

Es hat sich im Laufe der Arbeit und im Vergleich mit der Literatur gezeigt, dass diese Konzentration von 1g GO in 1l Wasser eine Konzentration ist, mit der sich gut arbeiten lässt.

Höhere Konzentrationen sind möglich, doch müssen dafür grössere Mengen Ammoniaklösung zugegeben werden. Ab 2g/L lässt sich selbst ab pH 11 keine klare Lösung mehr erhalten. Es bildet sich ein Sol, welches ab 5g/l so viskos ist, dass es nicht mehr aus dem Behälter, in dem es sich befindet, herausfliesst, wenn man diesen umdreht.

Allein mit Hilfe des Faraday-Tyndall-Effekts kann keine Aussage darüber gemacht werden, in welcher Art von Schichtpaketen das GO vorliegt. Selbst Schichtpakete mit 50 bis 100 Einzelschichten ändern nichts daran, dass die Lösung kolloid ist und homogen erscheint. Der Nachweis von Einzelschichten wurde mit Hilfe der Elektronenmikroskopie geführt.

4.2.5 Nichtwässrige Lösungsmittel

Für einige Anwendungen ist es wünschenswert, ein nichtwässriges Lösungsmittel für GO zu haben. Um ein solches Lösungsmittel zu finden, wurden verschiedene Verfahren angewendet.

Im einfachsten Fall wurde versucht, GO im gewählten Lösungsmittel durch mechanische Verfahren wie Rühren und Ultraschall zu dispergieren, eventuell unter

Zugabe von Ammoniaklösung oder Aminen, wie bei Wasser, und anschliessendem Zentrifugieren. Mit vielen Lösungsmitteln, wie Ethylenglykol, Dimethylformamid, Acetonitril, Dimethylcarbonat, Ethylencarbonat, erhält man trübe Suspensionen. Das zeigt, dass diese Lösungsmittel GO grob, aber nicht kolloid dispergieren können. In anderen Lösungsmitteln, wie Ether, zeigt sich gar keine Dispergierbarkeit. In einer alternativen Route zur Darstellung von kolloiden GO-Dispersionen wurde versucht, Lösungsmittel zu finden, die im Nachhinein kolloide Dispersionen stabilisieren können, auch wenn sie nicht in der Lage sind, diese primär zu bilden.

Dazu wurde eine stabile kolloide wässrige GO-Dispersion mit dem zu testenden Lösungsmittel gemischt, anschliessend mit Molsieb versetzt, so dass Wasser aus dem Lösungsmittelgemisch entzogen wurde und das reine nichtwässrige Lösungsmittel übrig blieb.

4.2.6 Suspensionen

Suspensionen bzw. Aufschlämmungen von GO in Wasser enthalten GO in so grober Teilchenform, dass diese Teilchen mit dem blossen Auge sichtbar sind und sich i.d.R. in wenigen Minuten absetzen. Die Teilchenform kann dabei stark variieren, von einem einfachen gemörserten Pulver bis zu einem dünnen GO-Papier oder Beschichtungen mit GO, also von undefiniert bis zu einer genau eingestellten Form der groben GO-Teilchen. Damit diese Suspensionen weiteren Reaktionen zugänglich gemacht werden können, müssen sie stabilisiert werden. Dies geschieht, wie oben schon beschrieben, durch Zusatz von Salzen (z.B. NaCl) oder durch entsprechendes Einstellen des pH-Wertes (<4).

Die gefundenen Ergebnisse zu den Versuchen GO kolloid zu dispergieren lassen den Schluss zu dass eine Dissoziation notwendig ist. Nur durch die gegenseitige Abstossung der negativ geladenen Einzelschichten ist eine Kolloidbildung möglich.

4.3 Graphitische Kohlenstoffe aus Graphitoxid

Graphitoxid-Pulver, Graphitoxid-Suspensionen und kolloide Graphitoxid-Dispersionen können auf verschiedene Weisen zum Graphitanalogon zurückgewandelt werden. Diese Umkehrung der Oxidation erfolgt im Rahmen der vorliegenden Arbeit ausschliesslich durch thermische Zersetzung. Die Umkehrung ist aber nie vollständig, sie ist mit Kohlenstoffverlust verbunden, wodurch es in den Graphenschichten zu Defekten kommt. Desweiteren findend die Schichten nicht zu ihrer Stapelordnung zurück, liegen also in turbostratischer Form vor. Das durch Reduktion erhaltene Graphitmaterial hat also nicht die gleiche Zusammensetzung und Struktur wie das ursprüngliche Graphit. Dies wurde in Kap. 3 gezeigt.

Die thermische Zersetzung und die dabei auftretenden Reaktionen von Graphitoxid-Pulvern sind bekannt wie auch die chemische Reduktion von Graphitoxid-Pulvern, -Suspensionen und –Dispersionen (Vgl. Kap. 2).

Die thermische Reduktion von Graphitoxid-Suspensionen und –Dispersionen wird ebenfalls beschrieben. Es werden allerdings keine kolloiden Dispersionen, sondern lediglich Suspensionen eines graphenbasierten Materials erhalten. Reduktionsmechanismen werden vorgestellt (Vgl. Kap. 2).

Meiner Meinung nach spricht aber Folgendes gegen solchen Reduktionsprozesse:

Bei einer Temperatur von z.B. 140° C hat Wassers einen pK_W-Wert von 11[80]. Die Konzentrationen von H_3O^+ und OH^- haben sich stark erhöht. Dies hat grossen Einfluss auf die Stabilität der Epoxid- und Hydroxylgruppen am GO. Die Ringöffnung der Epoxide ist sowohl basen- als auch säurekatalysiert, was unter den gegebenen Reaktionsbedingungen leicht zu Bildung von Diolen führen kann. Die so neu entstehenden und die bereits vorhandenen Hydroxylgruppen bilden tertiäre Alkohole, die sich durch den erhöhten H_3O^+-Gehalt leicht zu Alkenen reduzieren lassen, was einer Dehydrierung entspricht. Dies gilt aber nur für Hydroxylgruppen, welche Wasserstoff in β-Position haben. Das ist jedoch in der Regel bei GO nicht der Fall. Die primären und sekundären Alkohole, welche sich hauptsächlich an den Rändern der Schichten befinden, lassen sich durch konzentrierte und halbkonzentrierte Säuren reduzieren, was durch den hohen Dissoziationsgrad des Wassers erfüllt sein kann. Da dies nur für die primären und sekundären Alkohole und nicht für die tertiären gilt, liegt somit keine befriedigende Erklärung für eine vollständige Reduktion der Dispersion im Autoklaven vor.

In der vorliegenden Arbeit wurden ebenfalls Reduktionen in einem Autoklaven mit Tefloninlett durchgeführt.

Wenn das Lösungsmittel keine Wechselwirkung mit GO zeigt, wie z.B. Toluol, ist die charakteristische Reduktionstemperatur mit der an Luft vergleichbar. Die Reduktionstemperatur liegt dann bei ca. 200 °C.

Wenn das Lösungsmittel zwischen die Schichten geht, wie bei Ethanol, wird die Reduktionstemperatur auf ca. 180 °C herabgesetzt. Dies befindet sich in Übereinstimmung mit den „Reduktionstemperaturen" aus der Literatur [54-55].

Ist das Dispersionsmittel aber in der Lage, das GO kolloidal zu lösen (1g/l), so werden die Schichten schon bei einer Temperatur von 140 °C (in Wasser) reduziert und bleiben in einigen Lösungsmitteln (z.B. in Wasser) kolloid gelöst. Dies ist eine deutlich niedrigere Temperatur als bisher in der Literatur angegeben [55].

Diese Ergebnisse zeigen eindeutig, dass eine thermische Zersetzung von Graphitoxid schon ab 140 °C möglich ist. Dafür ist es aber notwendig, dass das GO kolloid in Wasser verteilt ist. Wird die kolloide GO-Dispersion bis auf 180 oder 250 °C aufgeheizt wird ebenfalls eine kolloide Dispersion eines graphenartigen Materials erhalten. Das zeigt, dass nicht die höhere Temperatur (wie in der Literatur benutzt) der Grund für die Agglomerisation während der Zersetzung ist.

Tab. 4.2: Vergleich der Summenformeln aus den verschiedenen Reduktionsmöglichkeiten

	Raumtemp.	140 °C	250 °C	1000 °C
GO Pulver	$C_8O_4H_2$	$C_8O_4H_2$	$C_8O_{1,6}H$	$C_8O_{0,7}H$
Suspension	$C_8O_4H_2$	$C_8O_4H_2$	$C_8O_{1,6}H$	
Dispersion	$C_8O_4H_2$	$C_8O_{0,5}H$	$C_8O_{0,5}H$	
chem. Red.	$C_8O_{0,8}H$ [189]			

In Tab. 4.2 sind die Summenformeln der aus GO erhaltenen Materialien für verschiedene Temperaturen angegeben. Es wird zwischen der Zersetzung des Pulvers im Ofen (GO-Pulver), der Zersetzung im Autoklaven (Suspension und Dispersion) und der chemischen Reduktion unterschieden. In den Summenformeln wird, um einen guten Vergleich zu ermöglichen, immer auf den gleichen Kohlenstoffgehalt hochgerechnet.

Tabelle 4.2 zeigt noch mal sehr deutlich, dass von einer, im Autoklaven bei nur 140 °C behandelten kolloiden Dispersion genauso viel Sauerstoff entfernt wurde wie von einer bei 1000 °C im Ofen. Ähnlich gute Werte erzielt die chemische Reduktion, welche aber immer Produkte ergibt, die mit den Reduktionsmitteln kontaminiert sind.

Diese restlichen funktionellen Gruppen sind aber notwendig damit redGO kolloid in Wasser dispergiert werden kann.

Durch Wägen von Edukt (GO) und Produkt (red GO) wurde herausgefunden, dass der Mechanismus unter hydrothermalen Bedingungen dem der thermischen Zersetzung an Luft entsprechen sollte – Bildung von CO, CO_2 und H_2O. Dies widerspricht eindeutig den Literaturergebnissen, die einen Reaktionsmechanismus ohne Kohlenstoffverlust vorschlagen, wobei keine Angaben gemacht wurden, ob dies auch überprüft wurde [54-55].

4.3.1 Oxalsäure

Wie im vorherigen Kapitel beschrieben, findet die hydrothermale Reduktion unter Verlust von Kohlenoxiden statt. Eine Suspension wird erhalten bzw. stabilisiert, wenn die Lösung einen Elektrolyten enthält. Wird zu einer GO-Suspension in Wasser NaOH-, KOH- oder RbOH- Lösung zugegeben und die Suspension im Autoklaven bei 150 °C (oder mehr) für 6h belassen, so erhält man eine Suspension, welche rot gefärbt ist.

Nach Eintrocknen der Lösung besteht der Rückstand zum grössten Teil aus Oxalsäure. Die Ursache der Rotfärbung konnte bisher nicht analysiert werden.

Ein altes Verfahren [81], um Oxalsäure herzustellen, basiert auf der hier vorgestellten Route. Zucker, Cellulose oder gar Sägemehl werden mit konz. NaOH-Lösung suspendiert und im Autoklaven bei ca. 170 °C innerhalb von 24h reduziert. Bei ähnlichen Verfahren (Reduktion von Cellulose in 3M NaOH-Lösungen bei 250 °C im Autoklaven [82]) entstehen Mischungen aus mehr als 50 aromatischen und nichtaromatischen organischen Säuren. Solche aromatischen Verbindungen könnten Ursache der roten Verfärbung sein, dies muss aber noch genauer untersucht werden.

4.4 Membranen und Beschichtungen

Aus Graphitoxid- und Graphitpulvern lassen sich durch Pressen Körper verschiedener Form, insbesondere Membranen herstellen. Das Material ist aber dabei isotrop. Es ist bekannt das aus kolloiden Graphitoxid-Dispersionen durch abdampfen des Wassers anisotrope Membranen hergestellt werden können.

Ergebnisse der vorliegenden Arbeit zeigen, dass mit dieser Methode fast jede gewünschte Dicke der Membranen eingestellt werden kann. Mit stark verdünnten kolloiden Dispersionen sind Schichtdicken von nur wenigen Nanometern bis zu Einzelschichten möglich. Für dickere Schichten können konzentriertere Dispersionen verwendet werden (Abb. 4.5). Eine wesentlich einfachere Methode für Dicke Schichten bzw. Membranen kann verwendet werden wenn man direkt von den Graphitoxid-Suspensionen ausgeht. In diesen sind die kleinen Graphitoxid-Plättchen suspendiert. Dies Plättchen sind ebenfalls anisotrop und richten sich beim Abscheiden auf einem Probenträger aus. Somit wird ebenfalls ein anisotropes Material erhalten.

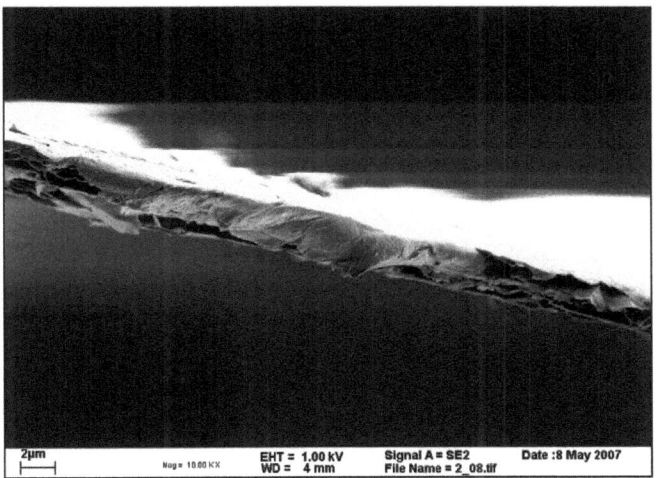

Abb. 4.5: REM-Aufnahme einer durch Eindampfen hergestellten GO-Membran

Die so erhaltenen Membranen und Beschichtungen können nach allen bekannten und auch hier neu vorgestellten Verfahren zum Graphit bzw. Graphen umgewandelt werden. Andererseits können auch die kolloiden thermisch bereits behandelten Dispersionen zur Herstellung der Beschichtungen und Membranen benutzt werden.

4.5 Komposite

Die kolloiden Dispersionen enthalten das Kohlenstoffmaterial wenigstens in einer Dimension im Nanometerbereich. Damit ist es hervorragend geeignet um mit anderen kolloiden Materialien Nanokomposite zu bilden. Die wenigen Versuche die in dieser

Arbeit dazu gemacht wurden sind die Co-Fällung einer Mischung aus Metall-Dispersionen in Wasser mit den kolloiden GO- und redGO-Dispersionen wie in Abb. 4.6 zu sehen.

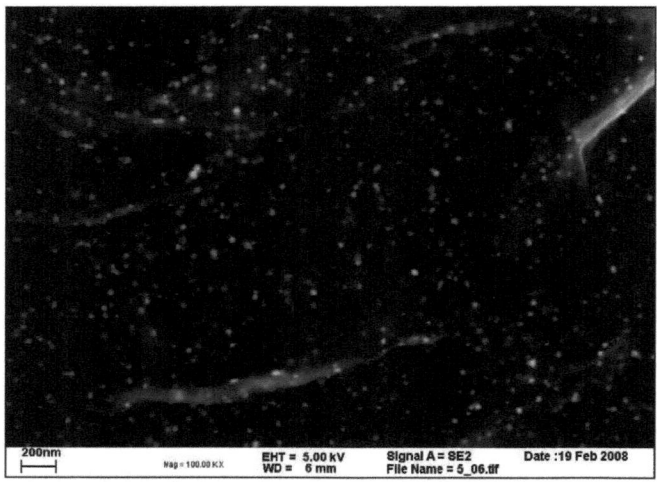

Abb. 4.6: REM-Aufnahme eines GO-Gold-Komposits.

4.6 Zusammenfassung der Ergebnisse aus Kapitel 4

Es kann hier festgehalten werden, dass zum einen ein δ_H von ca. 5 und mehr notwendig ist, damit Lösungsmittel zwischen die GO-Schichten einlagern. Die Dielektrizitätskonstante sollte nicht, wie bisher [25], verwendet werden, um zu beurteilen, ob ein Lösungsmittel zwischen die Schichten gehen kann. Beide Parameter lassen keinen Rückschluss auf den erhaltenen Schichtabstand zu. Damit GO in einem Lösungsmittel kolloid gelöst werden kann, ist eine hohe Dielektrizitätskonstante (ε) Voraussetzung. Der Einfluss weiterer Parameter ist noch nicht vollständig geklärtgeklärt. Nur durch die gegenseitige Abstossung der dissoziierten und somit negativ geladenen Einzelschichten ist eine Kolloidbildung möglich. Die thermische Zersetzung einer kolloiden Lösung einzelner GO-Schichten zu redGO erfolgt bei 140 °C. Nichtkolloide Dispersionen und Suspensionen werden bei Wechselwirkung mit dem Lösungsmittel bei 180 °C und bei Nichtwechselwirkung ab 190°C thermisch zersetzt.

Die kolloiden Dispersionen von redGO sind über den gleichen Mechanismus – Abstossung der negativ geladenen Einzelschichten – stabilisiert.

5 Anwendungen von GO, redGO und daraus abgeleiteten Materialien

5.1 Beschichtungen und Membranen

Durch geeignete Methoden können aus kolloiden Graphen-Dispersionen Schichten und Beschichtungen hergestellt werden. Diese können je nach Methode nur wenige Nanometer, also nur einzelne Schichten, dick sein. Diese dünnen Schichten sind transparent und könnten z.B. als Ersatz für das Indiumzinnoxid (ITO) als transparente Metalle in organischen Leuchtdioden oder Dünnschicht-Solarzellen benutzt werden. Es können aber auch makroskopische Schichtdicken dargestellt werden. Graphit-Folien und Membranen finden z.B. Anwendung in der Elektrotechnik und in der Meerwasserentsalzung. In jedem Fall ist es möglich, die Schichten und Beschichtungen so herzustellen, dass eine Schichtorientierung und somit ein anisotropes Material entsteht (Vgl. Kap. 3), was eine sehr gute und einfache Alternativmethode zur Herstellung von Hochorientiertem Pyrolytischen Graphit (HOPG) sein könnte.

Eine weitere Anwendungsmöglichkeit ist ein Templat jeder gewünschten Form mit Graphen zu beschichten und anschliessend zu entfernen, wobei Kohlenstoffkörper jeder gewünschten Form und Wanddicke erhalten werden können, wobei die Anordnung der Graphenschichten wiederum anisotrop sein wird. Ein weiteres Forschungsfeld, welches gerade grosses Interesse gewinnt, sind Superkondensatoren, welche mit Hilfe von GO-Beschichtungen hergestellt werden könnten. Sollte es gelingen, redGO-Schichten im Wechsel mit anderen Schichten (z.B. mit Bornitrid-Schichten) herzustellen, könnten daraus leistungsfähige Thermoelektrika hergestellt werden.

5.2 Komposite

Die hohe thermische Leitfähigkeit, die ungewöhnlichen elektrischen Eigenschaften und die hohe mechanische Stabilität von Graphen, welche der von Kohlenstoffnanoröhrchen entspricht, machen Graphen zu einem viel versprechenden Material für Komposit-Materialien.

Aus kolloiden Graphen-Dispersionen in verschiedenen Lösungsmitteln können leicht Komposit-Materialien mit einer sehr guten homogenen Verteilung der Materialien hergestellt werden. Der Vorteil eines Komposit-Materials aus einer kolloiden Graphen-Dispersion ist besonders gross, wenn die weiteren Komposit-Materialien, neben dem Graphen, ebenfalls kolloiddispers oder zumindest nanodispers eingebracht werden können. Durch die grosse Oberfläche pro Gramm GO-Material lässt sich darauf sehr viel katalytisch aktives Material als Nanopulver abscheiden. So ist z.B. ein Zinn-Graphit-Komposit ein viel versprechendes Batteriematerial, insbesondere wenn das Zinn ebenfalls fein verteilt ist.

Unter geeigneten Bedingungen, beispielsweise 140 °C für 5 h, erhält man aus GO-Pulver ein graphitbasiertes Material, welches einen vergrösserten Schichtebenen-Abstand hat – bei 140 °C für 5 h sind es 5 Å – und genügend Leitfähigkeit besitzt, um als Batteriematerial eingesetzt werden zu können. Kohlenstoffmaterialien mit grossem Schichtebenenabstand bieten für Batteriematerialien viele Vorteile, wie einfache Interkalation / Deinterkalation von Metallen in die Kohlenstoff-Ensembles.

Im Vergleich zu Proben, die MWCNT oder nanoskaligen Leitruss enthalten, zeigen thermoplastische Graphen-Nanokomposite (aus GO) deutlich bessere mechanische Eigenschaften [53].

5.3 Weitere Anwendungsmöglichkeiten

Graphitdispersionen werden auch als Schmier- und/oder Trennmittel, z.B. bei der Heissmetallumformung, verwendet. Ebenfalls finden Graphitdispersionen bereits Verwendung als leitfähiger Überzug auf Kunststoffen, Glas, Keramik und anderen Materialien. Denkbar ist auch die Herstellung eines leitfähigen Glases, indem die kolloide Graphendispersion in einem Sol-Gel-Prozess verarbeitet wird.

Einzelne Schichten von GO und redGO finden schon jetzt Anwendung als Trägermaterial für verschiedenste Objekte. Die Objekte können leicht auf dem Träger untersucht werden, weil das Trägermaterial einen sehr geringen Kontrast aufweist, was besonders in der TEM ein grosser Vorteil ist. Kolloides GO ist in Lösung negativ geladen und bildet über seine -OH-Gruppen Wasserstoffbrückenbindungen. Auf diese Weise können die zu untersuchenden Objekte an das Trägermaterial gebunden werden. Eine modifizierte GO-Schicht sollte eine positive Oberflächenladung aufweisen und somit ebenfalls attraktiv für verschiedenste Materialien sein.

6 Ausblick

Die im letzten Kapitel genannten Anwendungsmöglichkeiten sind nur eine kleine Auswahl. Diese Anwendungen sind aber auf die bisher bekannten GO, redGO und daraus abgeleiteten Materialien begrenzt. Zu diesen lassen sich sicher noch sehr viele weitere Anwendungen finden. Trotzdem muss auch nach neuen Soffen und Verbindungen gesucht werden, die sich aus GO und redGO ableiten lassen.

Was sollte in Zukunft versucht werden?

Als erstes können die in dieser Arbeit vorgestellten Ergebnisse noch ausgebaut bzw. gefestigt und offene Fragen beantwortet werden. So muss genau aufgeklärt werden, unter welchen Bedingungen sich GO und redGO lösen bzw. dispergieren.

Es kann der Frage nachgegangen werden, ob es unter Standard-Laborbedingungen grundsätzlich nicht möglich ist Graphit zu lösen oder doch.

Es sollte versucht werden, GO bzw. redGO so zu modifizieren, dass die Flakes in Lösung (kolloide Dispersion) eine positive Ladung haben. Damit kann durch so genanntes *Molecular Self Assembly* abwechselnd eine Schicht positiver und negativer Ladung (z.B. GO und redGO) angeordnet werden. Solche Materialien stellen schon für sich allein ein weites Forschungsfeld dar.

Des Weiteren können die positiven Schichten negative Moleküle in Lösung binden, die so auf einem kontrastarmen Trägermaterial der TEM zugänglich gemacht werden können.

Es muss grundsätzlich untersucht werden, ob die Schichten (egal, ob positiv oder negativ geladen) sich mit anderen Materialien wechselseitig anordnen lassen. Einige erwähnenswerte Beispiele sind: Schichtsilikate, Schwefel- und Phosphormodifikationen bzw. deren Salze, Telluride, Silicide, Polysilin, Boride, Bornitrid und auch organische Makromoleküle.

Besteht die Möglichkeit aus GO- oder redGO-Dispersionen und bestimmten Metallverbindungen neue Kohlenstoffstrukturen herzustellen – Zeolite, Chlathrate?

Was passiert bei der Zersetzung in überkritischem Wasser oder anderen Lösungsmitteln?

Weitere Ziele in Stichworten: Kohlenstoffnitride (C_3N_4), makromolekulare Metall(organische) Verbindungen.

Si-B-C-N-Keramiken

7 Grundlagen

7.1 Definition einer Keramik

Graphene und Graphit sind klar definiert aufgrund von Zusammensetzung und Struktur (Kap. 1). Aber ist das auch für Keramiken der Fall, speziell für die hier vorgestellten Precursor-Derived-Ceramics (PDCs)? Wenn es um Definitionen geht, ist in der Chemie die IUPAC das Mass der Dinge und die IUPAC gibt für Keramiken folgende Definition:„Rigid material that consists of an infinite three-dimensional network of sintered crystalline grains comprising metals bonded to carbon, nitrogen or oxygen. The term ceramic generally applies to any class of inorganic, non-metallic product subjected to high temperature during manufacture or use."

Diese Definition ist aber nicht auf die PDCs anwendbar, da diese nicht kristallin sind und im strengen Sinne kein gesintertes Material darstellen. Da Chemiker aber prinzipiell bei der IUPAC bleiben wollen, gestalten wir die IUPAC-Definition etwas allgemeiner, wie in [83] getan. „In general it applies to any class of inorganic, nonmetallic products subjected to high temperature during manufacture or use. High temperature means any temperature above red heat, 540 °C ... A ceramic is an object of crystalline or partly crystalline or of glass. " Diese Definition ist nicht mehr so eingeschränkt und auch auf die PDCs anwendbar, welche, wie viele weitere spezielle Keramiken, in Unterdefinitionen bestimmt werden können. Mit Hilfe von Abb. 7.1 wird versucht, eine Einteilung von Keramiken aufzuzeigen.

Die in dieser Arbeit vorgestellten Keramiken sind fest, anorganisch, nichtmetallisch und nicht- bis nanokristallin. Sie werden durch einen Temperaturprozess aus einem teils flüssigen metallorganischen Polymer hergestellt. Somit erfüllen sie die gegebene Definition. Ausserdem zeigen diese Keramiken, dass es einen fliessenden Übergang zwischen organischen und anorganischen Stoffen gibt, da die Umwandlung vom organischen Polymer zur anorganischen Keramik sich langsam und kontinuierlich vollzieht.

Auf der Basis dieser Definition von Keramiken werden die in dieser Arbeit verwendeten Systeme und deren Vorstufen nun genauer vorgestellt:

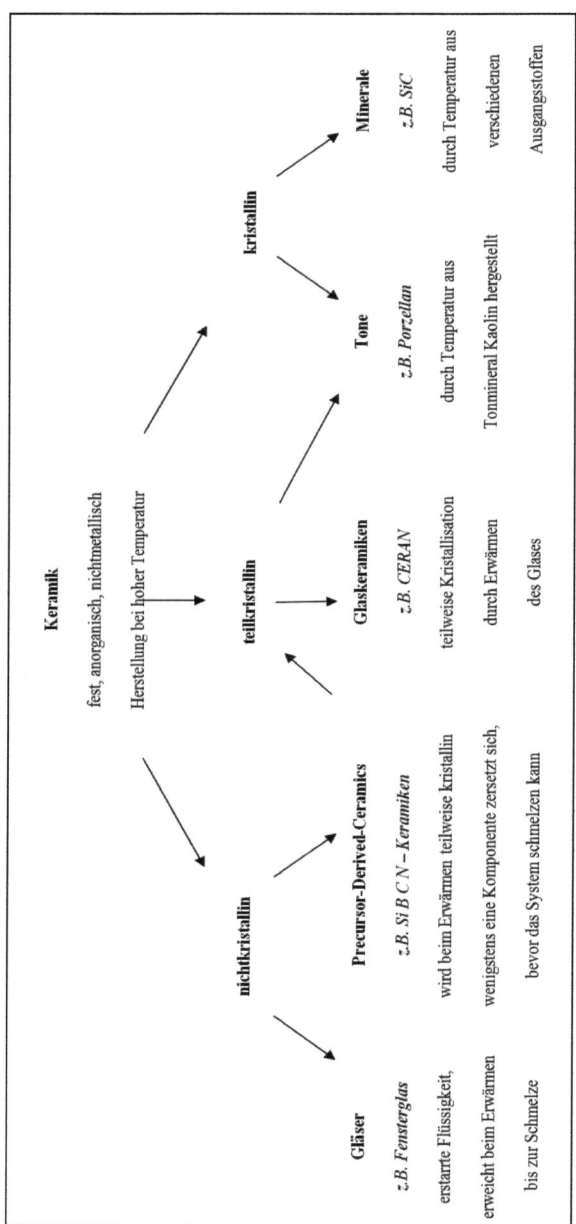

Abb. 7.1: Einteilung verschiedener Keramiken

7.2 Si-B-C-N-Keramiken

Si-B-C-N-Keramiken zeigen einen weiten Zusammensetzungsbereich. Dieser variiert mit den polymeren Vorläufern. Beispiele sind $Si_{2,9}BC_{4,6}N_{2,3}$ [84] und $Si_2BC_{3,4}N_{2,3}$ [85] sowie die in dieser Arbeit hergestellte und beschriebene Keramik $SiBC_2N_{2,5}$. Die Keramiken sind amorph und haben somit keine Fern-, jedoch eine Nahordnung. Die Keramiken befinden sich im $SiC-Si_3N_4$-BN-C-Phasendiagramm und setzen sich aus folgenden Strukturelementen zusammen [86]:

- Von Stickstof, Kohlenstoff tetraedrisch koordiniertes Silicium (SiC_xN_{4-x})
- Regionen amorphen Kohlenstoffes mit graphitischen Anteilen
- Regionen amorphen Bornitrids
- Die BN- und C-Regionen vermischen sich und sind praktisch nicht zu unterscheiden [87].

Diese Keramiken können bislang nur über die Polymerroute hergestellt werden. Ein Aufschmelzen der Einzelkomponenten des Phasendiagramms ist nicht möglich, da sich diese vor dem Schmelzen zersetzen, wie z.B. Siliciumnitrid in Silicium und Stickstoff. Ein Vorteil der Polymerroute ist, dass die Keramiken nicht nur amorph, sondern auch in sehr homogener Verteilung – auf atomarer Ebene – hergestellt werden können. Ein einzelnes Vorläufermolekül für die Polymerroute enthält bereits alle Elemente der Keramik, welche teilweise schon so gebunden sind wie nach der Pyrolyse gewünscht, z.B. BN-, SiC-Bindungen. Selbst wenn ein Sintern der Einzelkomponenten möglich ist, wären solche Keramiken nicht amorph und in ihrer Homogenität auf die Korngrösse eingeschränkt [16].

Die über die Polymerroute erhaltenen Keramiken haben sehr hohe Kristallisationstemperaturen – bis 1700 °C. Das ist deutlich höher als die Kristallisationstemperaturen von SiC (1000 °C) und Si_3N_4 (1200 °C). Aber eine vollständige Kristallisation findet auch bei 1700 °C nicht statt, da die Kristallisation kinetisch gehemmt ist – das gemischte Tetraeder (SiC_xN_{4-x}) kann nicht in die Kristallstrukturen von SiC oder Si_3N_4 eingebaut werden. Bevor ein Aufschmelzen oder eine vollständige Kristallisation stattfinden kann, zersetzt sich die Keramik. Auch die Zersetzungstemperatur ist mit 2000 °C wesentlich höher als die der Einzelkomponenten (z.B. 1500 °C für Si_3N_4) [84], was technologisch von allergrösstem Interesse ist. Neben der hohen thermischen Stabilität zeigen diese Si-B-C-N-Keramiken die höchste Oxidationsbeständigkeit bei hohen Temperaturen aller bekannten Nichtoxidkeramiken. Die mechanischen Stabilitäten bei hohen Anwendungstemperaturen sind ein weiteres hervorstechendes Merkmal. Dazu zählt vor allem die hohe Kriechbeständigkeit, die darauf beruht, dass praktisch keine Korngrenzen existieren.

Alle diese hervorragenden Eigenschaften sind vielversprechend und sagen den Keramiken schon seit langem ein hohes Anwendungspotential voraus. Beschichtungen von Turbinenschaufeln sind eine Möglichkeit. Damit könnten den bisher verwendeten Metallen höhere Arbeitstemperaturen zugänglich gemacht werden, was den Wirkungsgrad einer Turbine erhöht (optimale Arbeitstemperatur der Gasturbine wäre 1600 °C). Leider ist es bis heute beim Potential geblieben, denn bei der Herstellung der Keramiken ergeben sich Probleme. Die Keramikbeschichtungen, aber auch die Bulkkeramiken sind spröde und weisen Risse auf, was eine Anwendung als Schutzschicht oder Hitzeschutzschild z.B. beim Spaceshuttle nicht erlaubt. Diese Materialschwächen entstehen durch starke Schrumpfung bei der Umwandlung des Polymers zur Keramik, welche von Gasentwicklung und einem Masseverlust von über 30% begleitet sein kann [88]. Aktuelle Forschungen auf diesem Gebiet beschäftigen sich vor allem mit der Frage, wie diese Schrumpfung während der Pyrolyse minimiert werden kann. Ziel ist es, Keramikkörper und Beschichtungen herzustellen, die frei von inneren Spannungen sind, damit die guten mechanischen Eigenschaften nicht auf kleine Körper im Labor beschränkt bleiben, sondern auch auf grosse Formkörper in der Technik ausgedehnt werden können. Ein wichtiger Schritt dazu besteht unter anderem in der Optimierung der Vorstufen für die Polymerroute. Wie sehen diese Vorstufen aus?

7.3 Monomere und Polymere Vorläufer

7.3.1 Monomere Vorläufer

In Einkomponentenvorläufern sind die verschiedenen kationischen Elemente in einem Molekül an Kohlenstoff oder Stickstoff geknüpft, so dass stabile chemische Bindungen zu Bor und Silicium ausgebildet werden. Diese Bindungen müssen während der Pyrolyse erhalten bleiben, da sonst Entmischungen auftreten. Als Bindungsatome sind Stickstoff und Kohlenstoff gut geeignet, da sie starke kovalente Bindungen zum halbmetallischen Bor und Silicium ausbilden. Härte, Festigkeit und thermische Beständigkeit der Si-B-C-N-Keramiken steigen an, wenn bestimmte feste Strukturelemente – wie z.B. Borazinringe – bereits in den Vorläufern vorhanden und diese so stark sind, dass sie während der Pyrolyse erhalten bleiben. Durch diese unflexiblen und mit Bindungen ausgestatteten Einheiten wird die Reorientierung der

Atome erschwert und der amorphe Zustand bleibt erhalten. Die Peripherie wird so gestaltet, dass die Polymerisation zum präkeramischen Polymer ungehindert ablaufen kann. Dementsprechend werden meistens Chloratome eingesetzt. So können die Monomere mit Ammoniak oder Aminen über Dehydrohalogenierungen zu den Polymeren umgesetzt werden [15]. Das in dieser Arbeit verwendete Monomer zeigt alle erwünschten optimierten Eigenschaften

- Alle Elemente der Keramik in einem Molekül
- Halbmetalle (Si, B) an Kohlenstoff oder Stickstoff gebunden
- Borazinring als bereits vorhandenes Strukturelement
- Terminale Chloratome als Ausgangspunkt für Dehydrohalogenierungen / Polymerisationen

Nach der Polymerisation eines derartigen Vorläufers mit Methylamin sind die Si–Atome über Stickstoffbrücken nochmals stabilisiert, und es wird ein Polymer mit homogener Elementverteilung erhalten [89].

7.3.2 Polymere Vorläufer

Die Funktionalität des verwendeten Amins zur Vernetzung bestimmt in Grenzen den Vernetzungsgrad und damit auch die rheologischen Eigenschaften des Polymers. Diese Eigenschaften spielen eine wichtige Rolle bei der Weiterverarbeitung des Polymers. So ist es wichtig, dass die Viskosität genau eingestellt werden kann, wenn Fasern gesponnen werden sollen. Des Weiteren muss bedacht werden, dass Polymerisationen mit Ammoniak durch den hohen Vernetzungsgrad zu unlöslichen und unschmelzbaren Polymeren führen. Eine Vernetzung mit Methylamin gibt dagegen ein weniger vernetztes lösliches und schmelzbares Polymer. Auch kann der Stickstoff und Kohlenstoffgehalt noch variiert werden, so dass mit nur einem monomeren Vorläufer eine gewisse Anzahl an Polymeren mit unterschiedlichen Eigenschaften (auch in der Keramik) gewonnen werden können [16].

Die Viskosität der Polymere kann eingestellt werden, indem durch einen Temperaturprozess die Vernetzung erhöht wird. So können Polymere mit niedriger Viskosität durch Aufstreichen auf einem Substrat appliziert werden, Polymere mit mittlerer Viskosität zu Fasern versponnen und Polymere mittlerer und hoher Viskosität während der Pyrolyse z.B. gepresst oder in Grünkörperform gebracht werden. Polymere mit hoher Viskosität behalten während der Pyrolyse ihre Form ohne zu zerfliessen.

8 Literaturüberblick und Stand der Technik

8.1 Synthese und Charakterisierung von Monomer und Polymer

In diesem Kapitel werden die Synthese und Charakterisierung der molekularen Vorstufen vorgestellt, welche in dieser Arbeit verwendet wurden, basierend auf den Arbeiten von *KRUMMLAND* und *HABERECHT* [89-91]. Die Ergebnisse, die aufbauend daraus in der vorliegenden Arbeit erhalten wurden, werden im nächsten Kapitel (Kap. 9) vorgestellt.

8.1.1 Monomerer Vorläufer für die hier vorgestellten Keramiken

Ausgangsstoff für das Monomer ist B-Triethinylborazin (TEB). Dieses wird aus Bortrichlorid in mehreren Schritten durch Umsetzung mit Diisopropylamin, Natriumacetylid und Ammoniumchlorid erhalten. Dieser Syntheseweg ist eine Verbesserung des im Jahre 1993 von *VAULTIER* beschriebenen Syntheseweges [92]. Beide Wege sind in Abb. 8.1 wiedergegeben.

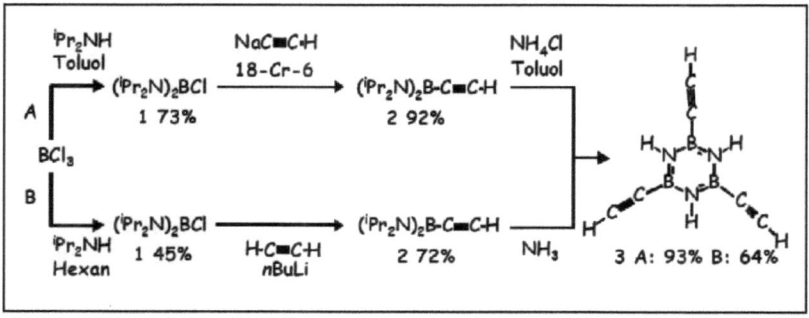

Abb. 8.1: Synthese von B-Triethinylborazin (TEB) nach *KRUMMLAND* (A) und *VAULTIER* (B). [90]

Das Produkt kann durch Sublimation gereinigt werden und fällt als farbloser kristalliner Feststoff an, die Kristallstruktur wurde bestimmt.

Durch die katalytische Hydrosilylierung von B-Triethinylborazin (TEB) mit einem Platin-Kohlenstoff-Katalysator und einem Überschuss an Trichlorsilan wird B-Tris-(Trichlorosilylvinyl)borazin (TCSVB) in Ausbeuten grösser 99% erhalten (Abb. 8.2).

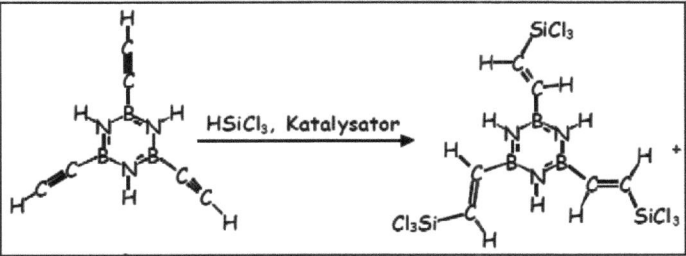

Abb. 8.2: Hydrosilylierung von TEB zu TCSVB. [90]

Das Produkt fällt stets als Isomerengemisch an – mit 80% β und 20% α Anteil (Abb. 8.3) [90].

Die physikalischen und chemischen Eigenschaften der beiden Isomere sind ähnlich, deshalb ist eine Trennung schwierig. Das Isomerengemisch ist nach der Hydrosilylierung flüssig. Nach einigen Tagen kristallisiert der grösste Teil aus.

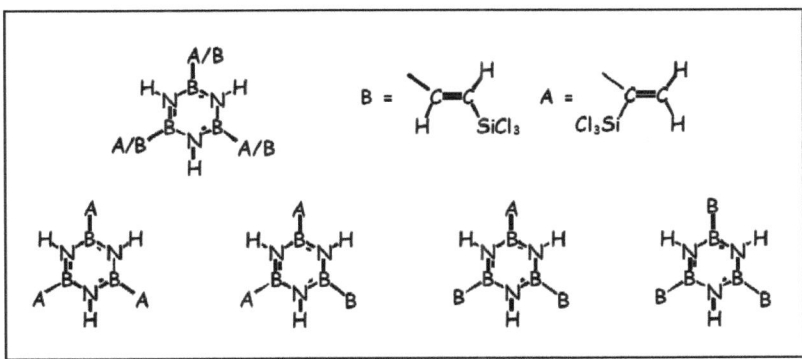

Abb. 8.3: mögliche Isomere nach der Hydrosilylierung [10] A= α-Isomer, B= β-Isomer

Das TCSVB kann mit Lithiumaluminiumhydrid umgesetzt werden. Dabei wird ein Monomer, das B-Tris(Silylvinyl)borazin (TSVB), erhalten (Abb. 8.4), welches durch Pyrolyse direkt zur Keramik umgewandelt wird.

B-Tris(Silylvinyl)borazin bringt als Ausgangsstoff für die Keramikbildung viele Vorteile. Während der Pyrolyse entweicht *nur Wassers*toff und die keramische Ausbeute beträgt 94% [89]. Dies ist Voraussetzung für eine geringe Schrumpfung während der Pyrolyse und sollte viel eher zu kompakten stabilen Körpern führen können als bisher beschrittene Wege.

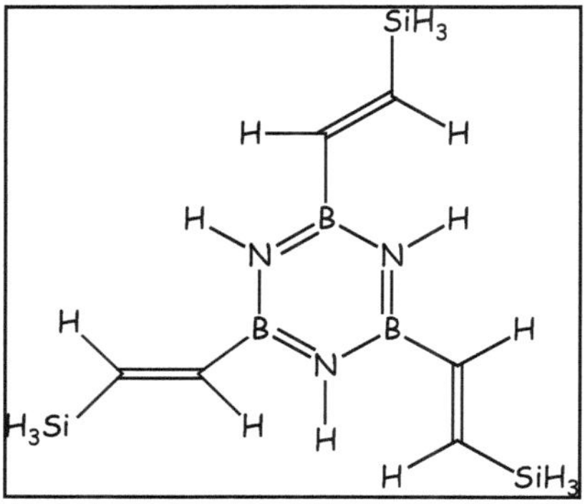

Abb. 8.4: B-Tris(Silylvinyl)borazin (TSVB). [91]

8.1.2 Polymerer Vorläufer für die hier vorgestellten Keramiken

Zur Polymerisation des B-Tris(trichlorosilylvinyl)borazin (TCSVB) wird Methylamin verwendet. Der Stickstoff dient als Brückenatom zwischen den Siliciumatom und Kohlenstoff als weitere Kohlenstoffquelle für Keramiken mit erhöhtem Kohlenstoffgehalt (verbesserte thermische Eigenschaften [13]). Ein weiterer Vorteil des Methylamins gegenüber Ammoniak als Verbrückungsreagenz ist, dass nur an zwei (einfache Brücke) statt an drei (Verzweigung) Stellen eine Vernetzung stattfinden kann, was die Viskosität des Polymers senkt.

Das so erhaltene frische Polymer ist eine hochviskose Flüssigkeit, welche aber einem Alterungsprozess unterliegt, d.h., dass die Flüssigkeit nach ca. vierteljährlicher Lagerung bei Raumtemperatur verfestigt ist. Die schematische Reaktionsgleichung ist im Folgenden wiedergegeben:

$$n\ N_3B_3H_3(CH{=}CHSiCl_3)_3$$

$$\xrightarrow[-\ HCl*H_2NCH_3]{H_2NCH_3}$$

$$\left[N_3B_3H_3(CH{=}CHSi(NCH_3)_{9/2})_3\right]_n$$

Das TCSVB wurde dabei mit Methylamin zum Polymer (nTASVB) polymerisiert.

8.2 Umwandlung zur kristallinen Keramik

Ein weiteres Aufheizen der bis 1300 °C pyrolysierten Keramik Pyrolyse führt bis 1600 °C zu keinem weiteren Masseverlust. Das bedeutet aber nicht, dass innerhalb der Keramik keine Veränderungen mehr stattfinden. Ab ca. 1500 °C beginnt die Keimbildung und nachfolgend die Kristallisation von Siliciumcarbid. Siliciumnitrid kristallisiert oberhalb 1700 °C aus [84, 87].

Abb. 8.5 zeigt eine bei 1800 °C kristallisierte Probe. Die dunklen Bereiche sind Kristallite aus Siliciumnitrid und Siliciumcarbid (ca. 50 nm Durchmesser) eingebettet in eine turbostratische Matrix aus Bornitrid und graphitischem Kohlenstoff. Das Röntgendiffraktogramm untermauert diese Ergebnisse, da deutliche Reflexe von SiC und Si_3N_4 zu sehen sind (Abb. 8.6). Auch zeigen diese Ergebnisse, dass die Kristallisationstemperaturen von SiC und Si_3N_4 in der amorphen Keramik deutlich höher liegen als für die reinen Phasen. Eine Folge der erhöhten Kristallisationstemperatur ist die hohe Kriechfestigkeit bis 1500 °C, da bis dahin keine Kristalle gebildet werden und somit kein Korngrenzen-Kriechen stattfindet [84, 87].

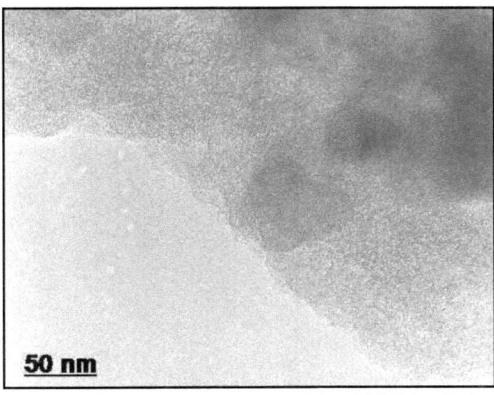

Abb. 8.5: TEM-Aufnahme der bei 1800 °C kristallisierten Keramik

Dass die Kristallisationstemperaturen so hoch liegen, rührt von den bereits erwähnten Eigenschaften der Keramik her. Die Elemente sind homogen verteilt und durch starke kovalente Bindungen aneinander gekoppelt, was ein Umknüpfen und Diffusionsvorgänge erheblich erschwert. Diese Diffusionsvorgänge aber sind für eine Kristallisation wesentlich, da zur Kristallbildung eine Umordnung stattfinden muss. Die Kristallisation des metastabilen Netzwerkes würde zu einem Gewinn an freier

Energie führen, jedoch die starken kovalenten Bindungen behindern die Kristallisation.

Sofort nach der Kristallisation von Siliciumnitrid müsste sich dieses nach folgenden Reaktionen wieder zersetzen:

$$Si_3N_4 + C \longrightarrow SiC + 2\,N_2 \qquad \text{(ab 1500°C)}$$

$$Si_3N_4 \longrightarrow 3\,Si + 2\,N_2 \qquad \text{(ab 1800°C)}$$

Beide Reaktionen finden aber bei den angegebenen *Erwartungstemperaturen* nicht statt. Der Grund liegt in der Erhöhung des Stickstoffpartialdrucks innerhalb der Keramik, aus welcher der Stickstoff aber nicht einfach entweichen kann. Zum anderen muss für die Reaktionen Kohlenstoff *angeliefert* werden, was aus oben erwähnten kinetischen Gründen erheblich erschwert ist.

Durch Arbeiten von HABERECHT [88] ist bekannt, dass die Möglichkeit besteht, auf den Keramiken verschiedene Kohlenstoffstrukturen – hauptsächlich *Multiwalled Carbon Nanotubes* (MWCNTs) – aufzubringen. Der Mechanismus, welcher der Bildung solcher Strukturen zugrunde liegt, war nicht bekannt.

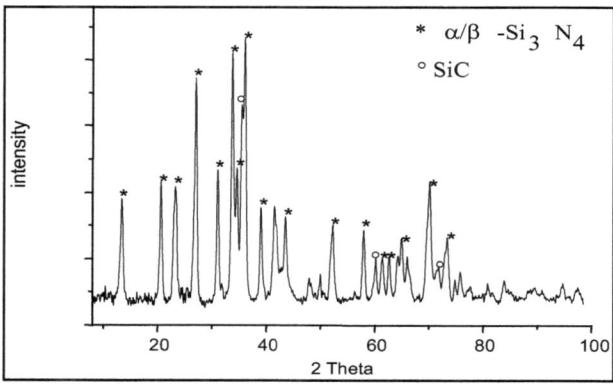

Abb. 8.6: XRD der kristallisierten Keramik ab 1700 °C

Damit war auch keine kontrollierte Herstellung und Reproduzierbarkeit gegeben. Zuvor wurde allerdings in der Literatur schon gezeigt, dass eine in-situ-Bildung von Kohlenstoff-Nanotubes (CNTs) durch einen *Chemical Vapor Deposition* Prozess in ähnlichen, aus Polymeren gewonnenen Keramiken stattfindet [93]. Dabei werden die CNTs aber nur in den sich während der Pyrolyse bildenden Blasen innerhalb der Keramik erhalten.

8.3 Kompakte Keramiken

Um ein Halb- oder Werkzeug aus der Keramik herzustellen, muss diese in die gewünschte Form gebracht werden. Eine Möglichkeit ist, aus einem Keramikblock den gewünschten Teil herauszuarbeiten. Eine zweite, vorteilhaftere Möglichkeit ist, die viskose Vorstufe in die gewünschte Form zu bringen und anschliessend zu pyrolysieren. Diese zweite Möglichkeit besitzt bereits technische Anwendung, z.B. werden die SiC-Fasern Nialon^{TM} seit den 1970er Jahren durch Verspinnen eines Polymers und anschliessende Pyrolyse auf diese Weise hergestellt [94-96]. Es gibt aber bis heute keine kommerzialisierte nichtoxidische Keramikfaser aus einem multinären Material (Si-B-C-N) [15]. Die dritte Möglichkeit, das Sintern eines Keramikpulvers zu einem Halb- oder Werkzeug, ist mit den hier vorgestellten Keramiken nicht möglich, da, wie bereits erläutert, die Diffusion der Atome und somit ein Zusammensintern der Pulverbestandteile kinetisch gehemmt ist.

In der Literatur [97-99] wurden ähnlich den im nächsten Kapitel vorgestellten Versuchen ebenfalls Warm- und Kaltpressversuche eines vorvernetzten Polymerpulvers aufgezeigt.

Es wird beschrieben, wie kompakte keramische Stücke erhalten werden, welche frei von Rissen [98] und frei von Rissen und Blasen [97] sind. Allerdings werden keine Ergebnisse vorgestellt, welche die mechanische Belastbarkeit solcher makroskopischen Körper aufzeigt.

8.4 Kohlenstoffnanostrukturen durch CVD

8.4.1 Einwandige (SWCNT) und Mehrwandige (MWCNT) Kohlenstoff - Nanoröhrchen [100-102]

Beide Arten haben wegen ihrer herausragenden mechanischen und elektrischen Eigenschaften grosse Bedeutung für die Materialwissenschaft und die Elektronik [103].

Man kann sie sich so vorstellen, als ob eine Graphenschicht zu einer Röhre aufgerollt ist. An den Enden der Röhre müssen die 6-Ringe teilweise durch 5-Ringe ersetzt werden, um die entsprechende Krümmung zu erzielen und die Röhrchen zu verschliessen. Diese Enden sind in der Regel Fullerenkappen. Abbildung 8.7 zeigt eine idealisierte Struktur einer einwandigen Kohlenstoff-Nanoröhre.

Der Durchmesser von einwandigen Röhren liegt im Bereich weniger nm und die Länge kann bis 1 cm betragen. Mehrwandige Röhren aus vielen eng anliegenden konzentrischen Röhren können Aussendurchmesser bis 250 nm erreichen.

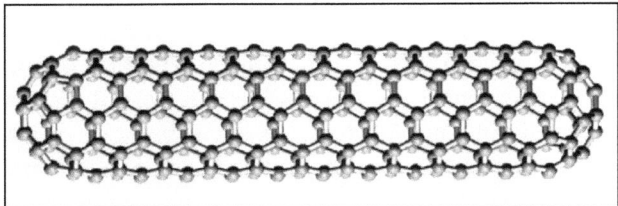

Abb. 8.7: Einwandige Kohlenstoff-Nanoröhre. An beiden Seiten durch ein Halbfulleren geschlossen.

Die Herstellung von CNTs erfolgt üblicherweise durch einen CVD-Prozess bei ca. 700 °C. Bei dieser Temperatur werden Kohlenwasserstoffe wie Methan, Ethan oder Benzol pyrolysiert. Der so entstandene Kohlenstoff kann sich in nanoskopisch kleinen Eisen- oder Nickelteilchen lösen, bis diese mit Kohlenstoff gesättigt sind. Dann erfolgt die Ausscheidung des Kohlenstoffs in Form von Röhren, wofür ein thermischer Gradient notwendig ist. Diese Röhren können, solange Kohlenstoff aus dem Metall nachgeliefert wird, immer weiter wachsen. Der Durchmesser der Röhren ist vom Durchmesser des Metallpartikels abhängig [104-106].

Eine Funktionalisierung der Röhren gelingt mit den üblichen Reaktionen der organischen Chemie.

8.4.2 Pyrokohlenstoffe (Kohlenstoffkugeln) [107]

Pyrokohlenstoffe werden wie die Nanoröhrchen in einem CVD-Prozess durch Zersetzung von Kohlenwasserstoffen oberhalb 700 °C gewonnen. Die Feinstruktur ist ähnlich derjenigen von Russen. Die Formen, Grössen und Eigenschaften der Pyrokohlenstoffe sind vielfältig. Die in der vorliegenden Arbeit gefundenen Kohlenstoffformen sind so genannte Kohlenstoffnanozwiebeln. Diese können bis in den Mikrometerbereich anwachsen und haben eine graphitische Schichtstruktur. Sie sind dementsprechend wie die CNTs funktionalisierbar.

9 Die Herstellung der Keramiken – Ergebnisse

9.1 Zur Synthese von Monomer und Polymer

9.1.1 Monomer (TSVB)

An den Synthesewegen für das B-Triethinylborazin (TEB) wurden keine Veränderungen vorgenommen. Allerdings wurde festgestellt, dass Ammoniumchlorid im 3. Syntheseschritt getrocknet und frisch gemahlen einzusetzen ist, da die Ausbeute sonst wesentlich sinkt.

Nach der Hydrosilylierung wird ein Isomerengemisch erhalten (Abb. 8.3; A=α-Isomer, B=β-Isomer), von welchem nach kurzer Zeit ein Teil auskristallisiert.

Die feste und die flüssige Phase können leicht getrennt werden. Die ^{13}C-NMR-Untersuchungen haben gezeigt, dass es sich bei dem festen Teil nur um das α-Isomer handelt (Abb. 9.1). Dabei ist kein β-Anteil zu finden. Dies bedeutet, dass an allen drei möglichen Positionen des Monomers (Abb. 8.3) das α-Produkt (AAA) vorliegt. Der Schmelzpunkt dieses Feststoffes wurde zu 46 °C bestimmt. In der flüssigen Phase zeigt das ^{13}C-NMR ein Isomerengemisch (Abb. 9.2). Dabei konnte nicht unterschieden werden, ob ein eutektisches Gemisch aus zwei *reinen* Isomeren (AAA oder BBB (Abb. 8.3)) oder ob unterschiedliche Isomerie in einem Molekül vorliegt (z.B. ABB). Jedoch kann ein Feststoff, bei dem es sich um ein reines Isomer handelt, in einer geordneten Struktur auskristallisieren, während dies bei einem Gemisch unterschiedlicher Isomere schwer möglich ist. Deshalb wird angenommen, dass die flüssige Phase aus einer reinen Phase besteht, wo an den drei möglichen Stellen im Molekül unterschiedliche Isomerie vorhanden ist. Abb. 9.3 zeigt das Röntgendiffraktogramm des B-Tris(Trichlorosilylvinyl)borazin α-Isomeres.

Auch die von *KRUMMLAND* angegebenen Mengenverhältnisse (80% β, 20% α) konnten nicht bestätigt werden. Allerdings wurde dort auch gezeigt, dass das Isomerenverhältnis stark vom Katalysator und weiteren Reaktionsbedingungen abhängig ist. Im hier gezeigten Fall wurde z.B. eine längere Reaktionszeit gewählt.

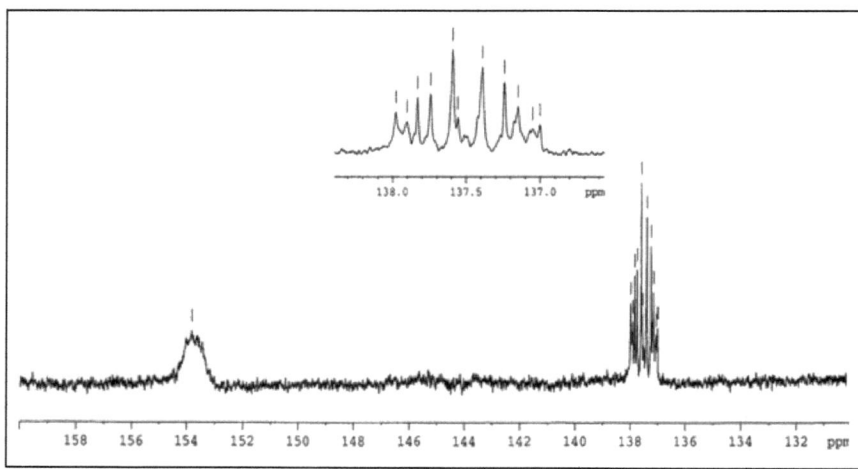

Abb. 9.1: ^{13}C-NMR des festen B-Tris(Trichlorosilylvinyl)borazin (α-Isomer)

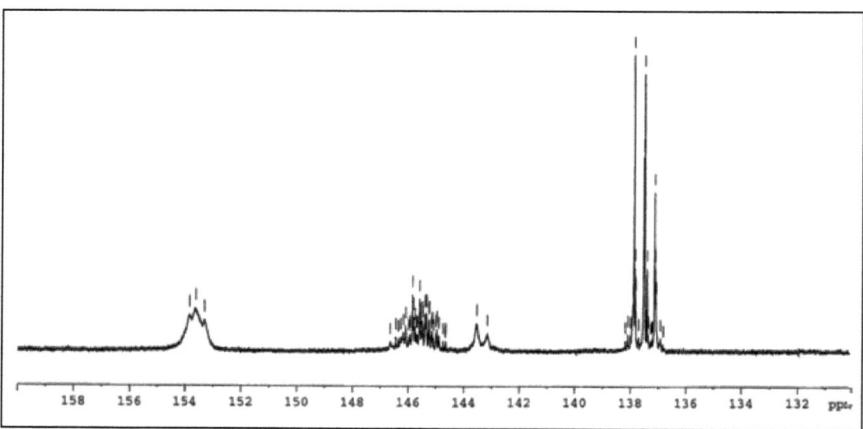

Abb. 9.2: ^{13}C-NMR des flüssigen B-Tris(Trichlorosilylvinyl)borazin (β-Isomer)

Es muss noch darauf hingewiesen werden, dass der feste Anteil aus farblosen Kristallen besteht, also als kristalline reine Phase anfällt, der flüssige Anteil jedoch bräunlich gefärbt ist, was auf zusätzliche Verunreinigungen schliessen lässt.

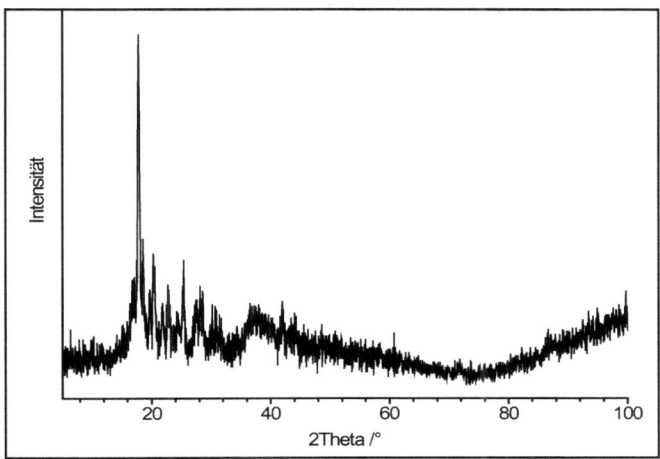

Abb. 9.3: XRD des B-Tris(Trichlorosilylvinyl)borazin-α-Isomeres

Stellt sich die Frage, wozu eine Unterscheidung bzw. Trennung der möglichen Isomere wichtig sein könnte. Wird das reine α-Isomer (AAA) für die Polymerisation verwendet, so enthält das Polymer letztendlich viele terminale CH_2-Gruppen. Diese terminalen Gruppen können während der Pyrolyse abgespalten werden und somit den Kohlenstoffgehalt der Keramik herabsetzten. Genaue Untersuchungen dazu wurden im Rahmen dieser Arbeit nicht durchgeführt, da stets ein Isomerengemisch eingesetzt wurde.

Es ist in dieser Arbeit nicht gelungen, das B-Tris(Silylvinyl)borazin, so wie von *HABERECHT* beschrieben, herzustellen. Über Gründe kann zurzeit nur spekuliert werden, was hier aber nicht getan werden soll. Gleichwohl ist aber klar, dass die Synthese möglich ist, da ja das gewünschte Produkt erhalten wurde. Der vollständige Syntheseweg muss aber noch ausgearbeitet werden.

Wie in Kap. 8 gezeigt muss aber gesagt werden, dass durch das fehlende Stickstoffbrückenatom (wie im Polymer) keine Si-N-Si Bindungen entstehen, sondern nur Si-C Bindungen. Siliciumcarbid kann somit schon bei 1100 °C auskristallisieren - Abbildung 9.4 zeigt das. Dies führt zu einer ausgezeichneten Temperaturstabilität (SiC zerfällt erst bei 2700 °C), aber die guten mechanischen Eigenschaften der Si-B-C-N-Keramik werden zu den Eigenschaften des SiC degradiert.

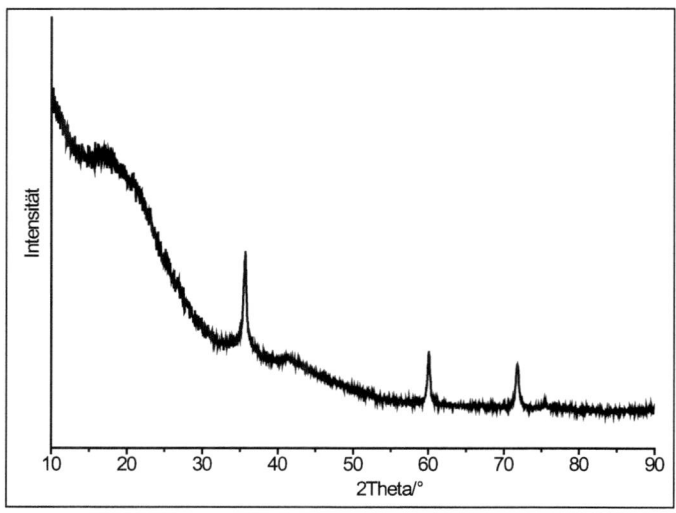

Abb.9.4: Diffraktogramm einer Keramik erhalten durch Pyrolyse bis 1500 °C von B-Tris(silylvinyl)borazin

9.1.2 Polymer (TCSVB)

An den eingeführten Synthesewegen für das B-Tris(Trichlorosilylvinyl)borazin wurden keine Veränderungen vorgenommen, aber am Polymer selber nachfolgend Veränderungen durchgeführt, bevor es zur Keramik pyrolysiert wurde, um die Eigenschaften der Keramiken zu beeinflussen.

Eine Veränderung war das gezielte Tempern, um die Vernetzung voranzutreiben und ein festes Polymer (nTASVB) zu erhalten, welches dann pulverisiert und weiterverarbeitet werden konnte, um präkeramische Grünkörper zu pressen.

Des Weiteren wurde das flüssige Polymer (nTASVB) in THF gelöst und mit $Ni(COD)_2$ versetzt, um die Keramik mit Nickel zu dotieren. Während der Pyrolyse bilden sich dann an den Nickelteilchen kohlenstoffhaltige Nanopartikel mit der Morphologie von Kohlenstoffnanoröhrchen.

9.2 Umwandlung der molekularen Vorstufen zur Keramik

9.2.1 Umwandlung zur amorphen Keramik

Die Umwandlung des Polymers nTASVB, wie in Kap. 8 vorgestellt, zur Keramik erfolgt bis 1200 °C. Um Oxidationen zu verhindern, wird unter Argon pyrolysiert. Die unter der Pyrolyse ablaufenden Prozesse, wie Kondensationsreaktionen, Fragmentierungen und Umlagerungen, sind sehr komplex und für das hier vorgestellte System bisher nicht detailliert aufgeklärt [108]. Die Umwandlung des Polymers B-Tris(Trichlorosilylvinyl)borazin (TCSVB) wurde mittels TG / MS (Abb. 9.5) und IR-Spektroskopie (Abb. 9.6) verfolgt. Die Messungen zeigen, dass zwischen 200 und 400 °C die Polykondensation unter Abspaltung von Methylamin vervollständigt wird

Ab 450 °C setzt die Abspaltung von Wasserstoff ein und hält bis 750 °C an. Über den gesamten gemessenen Temperaturbereich werden Methan und Blausäure abgegeben. Sowohl in der MS als auch in der TG zeigt sich sehr gut, dass die Pyrolyse in zwei Stufen erfolgt, der Polykondensation zwischen ca. 200 und 400 °C und den Fragmentierungen und Umlagerungen zwischen 400 und 750 °C.

Im IR-Spektrum zeigt sich gut die Vernetzung vom Monomer (Graph oben, blau) zum Polymer (Graph Mitte, rot) durch die Abnahme der N-H- und C-H-Banden (3440 und 2966 cm^{-1}) und durch das Verschwinden dieser Banden während der Umwandlung zur Keramik (Graph unten, schwarz). Des Weiteren sind alle Element-Wasserstoff-Banden in der Keramik verschwunden, was in Übereinstimmung mit der mittels TG/MS bestimmten Wasserstoffabgabe, wie in Abb. 9.5 zu sehen, steht. In der Keramik sind die B-N- (1377 und 792 cm^{-1}) und die Si-N-Banden (889 cm^{-1}) gut zu erkennen. Si-C und C-C-Kontakte sind kaum oder gar nicht IR-aktiv.

Bis 1400 °C entsteht eine vollständig amorphe Keramik und das Diffraktogramm (Abb. 9.7) zeigt folgerichtig keine Bragg-Reflexe.

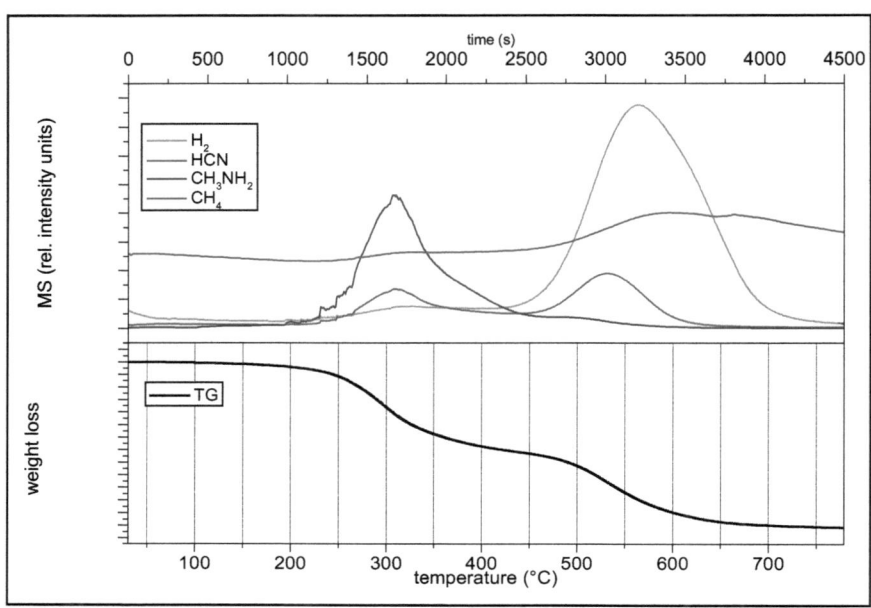

Abb. 9.5: TG / MS von TCSVB [HABERECHT]

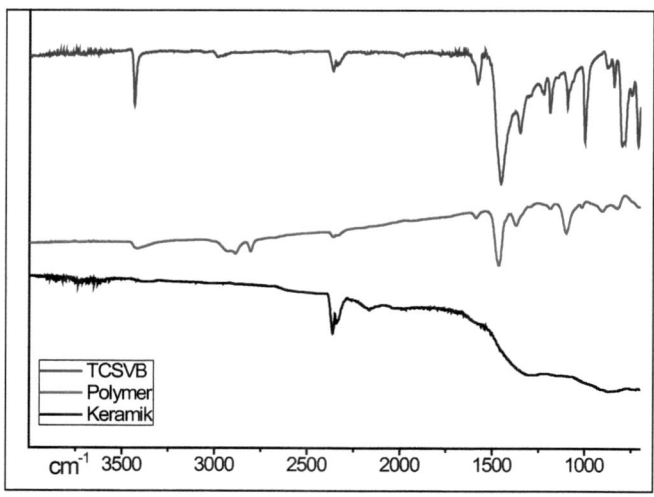

Abb. 9.6: IR-Spektrum

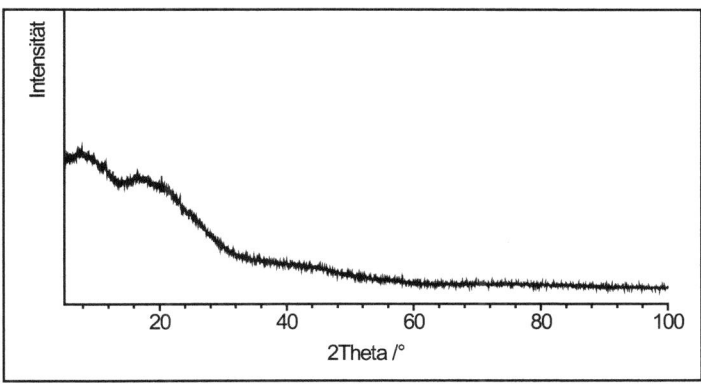

Abb. 9.7: XRD der amorphen Keramik bis 1400 °C

Der Masseverlust während der Pyrolyse beträgt in der ersten Stufe ca. 22 Gew.%. Der Masseverlust in der zweiten Stufe beträgt ca. 15 Gew.%. Insgesamt beträgt der Masseverlust während der Pyrolyse bis 1200 °C – also bis zur vollständigen amorphen Keramik – ca. 37 Gew.%. Dieser hohe Masseverlust und die damit auftretenden Probleme werden im folgenden Kapitel erläutert.

10 Kompakte Stücke der Keramiken – Ergebnisse

Um kompakte Stücke zu erhalten, muss die Pyrolyse des Polymers geregelt werden. Deshalb ist diese Polymerpyrolyse genau zu betrachten.

10.1 Schnelle Pyrolyse der polymeren Vorstufen

Was bedeutet hier *schnell*? *Schnell* bedeutet eine Aufheizgeschwindigkeit von mehr als 10 K/min. Für diese Pyrolyse ist das viel, da die Erfahrung gezeigt hat, dass die ideale Aufheizgeschwindigkeit bis 1000 °C bei weniger als 5 K/h liegt; ideal deshalb, damit die Blasen- und Rissbildung, wie sie in den nächsten Kapiteln vorgestellt wird, wenig in Erscheinung tritt.

Während der Pyrolyse entstehen Methan, Wasserstoff und Methylamin. Dieser Prozess läuft von Raumtemperatur bis 800 °C ab. Die schnelle Pyrolyse bis 400 °C führt zu einer schnellen Verfestigung des Polymers. Somit können die entstehenden Pyrolysegase nicht entweichen und es resultiert ein Keramikschwamm (Abb. 10.1).

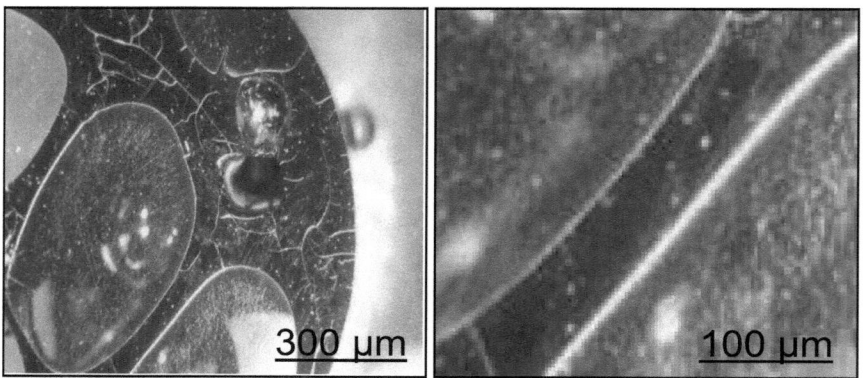

Abb. 10.1: Blasen und Risse in einer schnell pyrolysierten Keramik

Durch Einstellen der Pyrolyseparameter können verschiedene Schwämme gezielt hergestellt werden, welche alle die besonderen Eigenschaften der Keramik besitzen.

Wie gut in Abb. 10.1 zu sehen ist, scheint die maximale Dicke der Keramik, welche rissfrei erhalten werden kann, bei 50 µm zu liegen. Die Risse kommen durch die mit dem Masseverlust und der Dichteerhöhung einhergehende Schrumpfung des Materials während der Pyrolyse zustande. Ist das Material zumindest in einer

Dimension dünn genug, können Risse vermieden werden, da die entstehenden Gase das Material schnell verlassen können und somit kaum Spannungen aufbauen(Rissbildung durch Entspannung). Des Weiteren kann die Schrumpfung hauptsächlich in dieser Richtung stattfinden, da dem Material so am wenigsten Widerstand entgegengesetzt wird. Durch eine langsamere Pyrolyse kann aber die maximale Dicke nicht erhöht werden.

10.2 Langsame Pyrolyse der polymeren Vorstufen

Was bedeutet hier *langsam*? *Langsam* bedeutet eine Aufheizgeschwindigkeit von weniger als 5 K/h. Dies ist die am meisten von mir verwendete Rate. Ein langsameres Aufheizen bringt keine Verbesserung, etwa weniger Risse.

Während der langsamen Pyrolyse entstehende Gase können aus dem Polymer bzw. der Keramik teilweise entweichen. Durch die geringe Anfangsviskosität des Polymers kommt es nicht zur Schwammbildung. Später bilden sich in dem festen Polymer und der Keramik Risse. Die Pyrolysegase entweichen zum Teil entlang dieser Risse, zum Teil werden sie in der Keramik unter Druck eingeschlossen.

10.3 Herstellung kompakter Stücke

Wie gezeigt, sind die während der Pyrolyse entstehenden Gase und die damit verbundene Schrumpfung das grösste Problem. Eine erfolgreiche Synthese kompakter Keramik-Stücke muss daher diese Pyrolysegase entfernen können, bevor keramisiert wird.

10.3.1 Sintern der Keramik

Wird das Polymer keramisiert und die erhaltene Keramik fein gemörsert, so erhält man ein Keramikpulver, in welchem keine Risse und Spannungen mehr vorhanden sind, da diese beim Mörsern mechanisch abgebaut werden. Dieses Pulver könnte nun im nächsten Schritt zu einem kompakten Stück gesintert werden. Ein solches *normales* Sintern – selbst unter Druck – ist wegen der niedrigen Diffusionskoeffizienten nicht möglich. Sinterhilfsmittel, welche selbst einen höheren Diffusionskoeffizienten und niedrigere Schmelz- bzw. Kriechtemperaturen aufweisen, könnten Abhilfe schaffen. Dann wären aber viele Materialeigenschaften nicht mehr die herausragenden der Si-B-C-N-Keramik, sondern die des Sinterhilfsmittels. Wenn man als Sinterhilfsmittel allerdings das Ausgangspolymer für die Keramiken verwendete, würde sich an der Materialzusammensetzung und damit an den Materialeigenschaften nichts ändern. Hierfür wurde das Polymer schnell pyrolysiert, die so erhaltene Keramik gemörsert. Dieses Keramikpulver wird mit Polymer vermörsert, in einer Presse bis 1100 °C pyrolysiert. Als Ergebnis wurde ein Keramikpulver und kein kompaktes Stück erhalten. Die Ursache ist der schon mehrfach beschriebene niedrige Diffusionskoeffizient der Keramik, sodass während der Pyrolyse Keramik und Binder (Polymer) keine Verbindung eingingen.

Wird das Keramikpulver aber mit Binder in einer beheizbaren Presse bis 300 °C in Form gebracht, so wird der Binder soweit vernetzt, dass der Körper während der nachträglichen langsamen Pyrolyse seine Form behält. Der so erhaltene Keramikzylinder ist aber sehr brüchig. Auch hier fand keine Bindungsbildung zwischen Binder und Keramikpulver statt. Damit aber eine Bindungsbildung zwischen Keramik und Binder zustande kommt, müssen in der Keramik Bindungen gebrochen und zwischen Keramik und Binder neu gebildet werden. Da dies aber zwischen Keramik und Binder offenbar nicht möglich ist, muss um eine Pyrolysestufe zurückgegangen werden.

10.3.2 Sintern des vernetzten Polymers mit Binder

Die Pyrolyse wird nach der ersten Stufe abgebrochen. Damit werden die Pyrolysegase zwar nicht mehr vollständig entfernt, aber während der nachfolgenden Pyrolyse ist durch Umlagerungen Bindungsbildung zwischen Polymer und Binder möglich.

Das Polymer wurde auf 500 °C geheizt, mit wenig Polymer vermörsert und in einer Presse bis 1100 °C pyrolysiert. (Es wurde ebenfalls versucht, das gepulverte Polymer mit einem Lösungsmittel wie z.B. THF zu binden. Dies blieb jedoch erfolglos, da das Polymer sich nicht mehr lösen liess.) Als Ergebnis wurde ein kompakter Körper erhalten, welcher brüchig war und leicht wieder in Pulverform gebracht werden konnte. Wird aber die verwendete Presse während des Pressens auf 300 °C aufgeheizt, so erhält man nach der Pyrolyse tatsächlich einen kompakten Körper, welcher bei leichter mechanischer Belastung seine Form behält. Der Grund dafür ist, dass während des Pressens die Temperatur so erhöht wurde, dass die einzelnen Pulverteilchen unter Druck zu fliessen begannen und sich somit anordnen und vernetzen konnten. Abbildung 10.2 zeigt eine REM-Aufnahme des kompakten

Stückes nach der Pyrolyse. Die Abbildung zeigt deutlich, dass die Pulverkörner während des Warmpressens verformt wurden. Sie sind wie Puzzleteile aneinandergesetzt. Eine Unterscheidung zwischen Pulver und Binder ist hier nicht mehr möglich. Darum sollte im nächsten Versuch auf den Binder verzichtet und das vorvernetzte Polymerpulver durch Warmpressen zu einem kompakten Grünkörper ausgeformt werden.

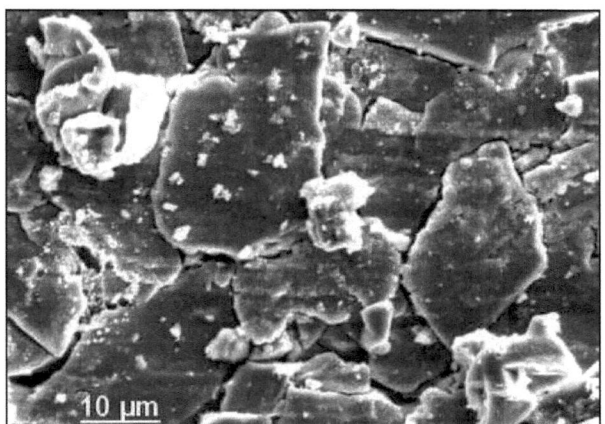

Abb. 10.2: Keramik nach Pyrolyse eines gesinterten Polymerpulvers

10.3.3 Sintern des vernetzten Polymers ohne Binder

Die Viskosität des vorvernetzten Polymerpulvers muss so eingestellt werden, dass während des Warmpressens ein Zusammenfliessen der Pulverteilchen möglich ist. Im Rahmen dieser Arbeit konnte die Veränderung der Viskosität des Polymers mit der Temperatur nicht bestimmt werden. Deshalb wurden die Warmpressversuche in einem *Trial and Error Verfahren* optimiert. Dafür wurden drei Polymerpulver durch schnelles Erhitzen auf 300, 350 und 400 °C hergestellt. Mit jedem dieser Pulver wurden Versuche mit unterschiedlichen Presstemperaturen (250, 300 °C), Haltezeiten (30, 60, 120 min) und Aufheizraten (10, 30, 60 K/min) durchgeführt. Der Druck war bei allen Experimenten mit 300 MPa gleich.

Es hat sich gezeigt, dass die Aufheizraten keinen und die Haltezeiten nur einen geringen Einfluss auf die Eigenschaften der Keramik haben. Die Presstemperaturen wurden so gewählt, dass sie mindestens 50 °C unter der Vernetzungstemperatur des entsprechenden Polymers lagen. Denn höhere Presstemperaturen bedeuten zwar eine niedrigere Viskosität, aber dieser Effekt geht schnell wieder verloren, wenn der Temperaturbereich der Vorvernetzung erreicht wird, da dann weitere Vernetzung stattfindet. Ausserdem stören die entstehenden Gase das Zusammenlagern der Körner.

Im Folgenden werden die Versuche und Ergebnisse aufgelistet, die mit einer Aufheizrate von 30 K/min und einer 30-minütigen Haltezeit erreicht wurden. Die gezeigten Bilder sind REM-Aufnahmen der bei 1100 °C keramisierten Presslinge.

Vorvernetzen 300 °C, Pressen 250 °C
Wie in Abb. 10.3 zu sehen, sind die einzelnen Polymer-Pulverteilchen gut zu einem kompakten Stück geformt. Die Teilchen sind nicht nur verformt, sondern auch miteinander verschmolzen, da sie durch Pyrolyse und Schrumpfung sonst voneinander separiert wären. Allerdings sind die Grenzen der vormals einzelnen Körner noch gut sichtbar, d.h. es hat kein 100%iges Zusammenschmelzen stattgefunden. Dies muss kein Nachteil sein, da die Pyrolysegase durch diese Mikrokanäle aus der Keramik entweichen können und somit weniger Spannungen hervorgerufen werden. Dennoch wurde bei diesem Versuch noch viel Pyrolysegas freigesetzt, da die Temperatur der Vorvernetzung mit 300 °C nur zu einer geringen Vernetzung geführt hatte. Durch anschiessende Pyrolyse kam es dementsprechend zu relativ starken Spannungen und somit letztendlich zu Rissen in der Keramik, wie in der Abbildung 10.3 zu sehen. Man erkennt gut, dass der Riss nicht entlang einer Korngrenze verläuft, sondern durch Körner hindurch. Dies ist ein guter Hinweis darauf, dass die Pulverteilchen nicht nur verformt, sondern auch verschmolzen sind. Da also die Körner bereits in gutem Kontakt sind, musste im nächsten Schritt die Spannung herabgesetzt werden, d. h. die Vorvernetzung wurde bei 350 ° statt 300 °C durchgeführt.

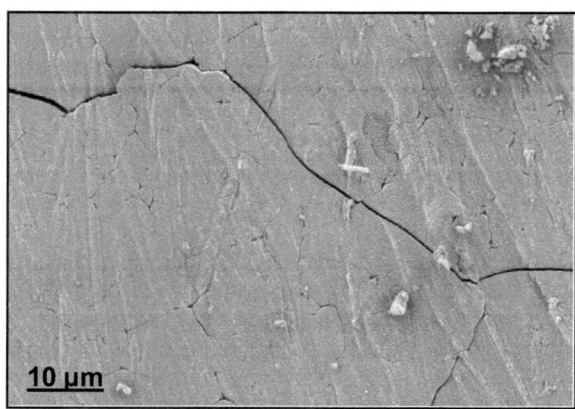

Abb. 10.3: Stück aus warmgepressten (250 °C) Polymerpulver (300 °C)

Vorvernetzen 350 °C, Pressen 250 °C

Wie beim vorherigen Versuch sind die Teilchen sehr gut zu einem kompakten Stück geformt und zusammengeschmolzen. Der geringere Abstand zwischen den Körnern resultiert aus der besseren Vorvernetzung und damit aus einer geringeren Schrumpfung. Wie im Versuch zuvor entstehen während der Pyrolyse genügend starke Spannungen, welche sich in Rissen durch die Keramik – auch durch die Körner, aber kaum entlang der Korngrenzen – zeigen. Die Schrumpfung beträgt aber immer noch 15% in jeder Richtung. Darum musste die Vorvernetzung noch weiter vorangetrieben werden, damit die Spannungen weiter abnehmen. Bei 400 °C ist die erste Stufe der Vorvernetzung abgeschlossen.

Abb. 10.4: Stück aus warmgepressten (250 °C) Polymerpulver (350 °C) nach Keramisierung

Deshalb wurde der nächste Versuch zur Vorvernetzung bei 400 °C und der bewährten Presstemperatur von 250 °C durchgeführt.

Vorvernetzen 400 °C, Pressen 250 °C

Mit der höheren Temperatur der Vorvernetzung sollten die Spannungsrisse minimiert werden. Wie sich aber zeigt (Abb. 10.5), ist die Vernetzung und damit die Viskosität soweit angestiegen, dass zwar eine Verformung der Polymerteilchen, aber kein Zusammenschmelzen mehr stattfindet. Nach der Pyrolyse zeigt sich ein grosser Abstand zwischen den Teilchen, welcher durch Schrumpfung während der Pyrolyse entstanden ist. Da so keine Spannungen entstehen, kommt es nicht zu Rissen durch die einzelnen Körner hindurch. Der Zylinder liess sich nach der Pyrolyse leicht wieder in seine Pulverbestandteile zermörsern. Da die Viskosität der Pulverteilchen erhöht ist, reicht die Viskosität bei 250 °C Presstemperatur nicht mehr aus, um die

Teilchen ausreichend zu einem kompakten Körper zu verschmelzen. Deshalb wurde in einem weiteren Versuch die Presstemperatur um 50 °C auf 300 °C angehoben.

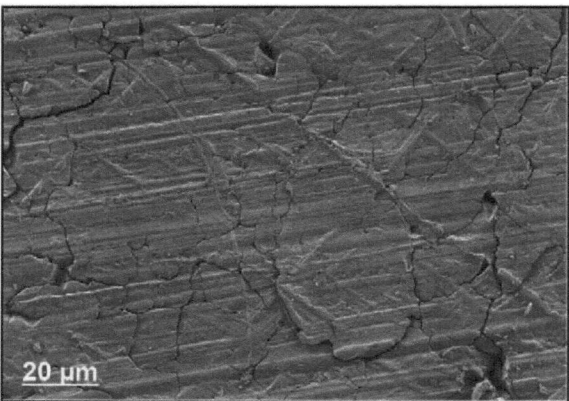

Abb. 10.5: Stück aus warmgepressten (250 °C) Polymerpulver (400 °C) nach Keramisierung

Vorvernetzen 400 °C, Pressen 300 °C

Durch die Erhöhung der Presstemperatur hat sich keine Verbesserung ergeben. Die Körner sind zwar etwas besser aneinander angepasst, aber nicht wirklich zusammengeschmolzen, wie Abb. 10.6 zeigt. Zum einen werden damit die während des Keramisierens entstehenden Spannungen aufgehoben, zum anderen können durch diese Lücken die gleichzeitig entstehenden Pyrolysegase gut entweichen. Deshalb zeigt der Körper auch keine Risse.

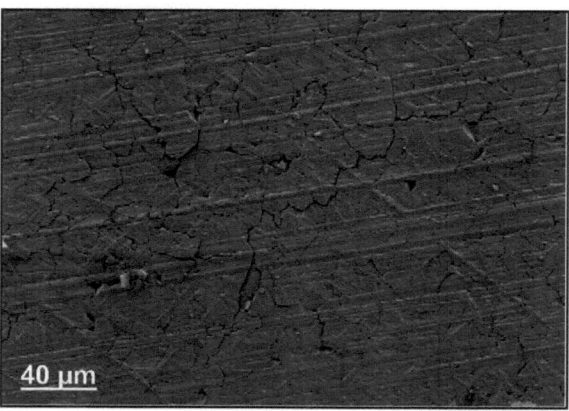

Abb. 10.6: Stück aus warmgepresstem (300 °C) Polymerpulver (400 °C) nach Keramisierung

10.3.4 Auswertung der Warmpressversuche

Das beste Ergebnis wurde bei 250 °C Presstemperatur eines bei 350 °C vorvernetzten Polymerpulvers erhalten. Die einzelnen Polymerteilchen sind gut zusammengeschmolzen. Die Vorvernetzung bei 350 °C reicht aber nicht aus, um spätere Spannungen zu vermeiden. Dementsprechend höher gewählte Vorvernetzungs-Temperaturen bringen aber keine Verbesserung, da daran anschliessend ein Zusammensintern bzw.- schmelzen nicht mehr auftritt. Ein Parameter, der in diesem Fall zu einer Verbesserung führen könnte, ist eine Druckerhöhung, was aber mit den mir zur Verfügung stehenden Mitteln nicht möglich war.

Ein einfacher Test um die mechanische Belastbarkeit der kompakten Stücke zu überprüfen (was an den in der Literatur hergestellten Stücken nicht gemacht wurde (Vgl. Kap. 8) ist der hier für die erhaltenen Keramikzylinder (Durchmesser 3,3 mm, Höhe 0,8 mm) (Abb. 10.7) gezeigte. Wird der bei 350 °C vorvernetzte, 250 °C warmgepresste und 1100 °C keramisierte Zylinder mit mehr als 1,5 kg auf seiner Fläche beschwert, kommt es zum Bruch entlang der in Abb. 10.4 zu sehenden Risse. Die einzelnen Pulverteilchen bleiben aber fest zusammen.

Die Ergebnisse zeigen eindeutig, dass der richtige Weg zur Erstellung kompakter Keramikkörper eingeschlagen wurde. Allerdings müssen die polymeren Vorläufer so gestaltet werden, dass während der Pyrolyse weniger Schrumpfung und somit weniger Spannung entsteht.

Abb. 10.7: Keramikzylinder durch Warmpressen und Keramisieren

11 Funktionalisierte Oberflächen – Ergebnisse

In der vorliegenden Arbeit wurde der Prozess zur Bildung von verschiedenen Kohlenstoffstrukturen (wie MWCNTs) aufgeklärt und kontrolliert angewendet. Es handelt sich um einen CVD-Prozess. Durch die Aufklärung wurde es möglich, die Oberflächen der Keramiken gezielt mit verschiedenen Strukturen zu beschichten. In diesem Kapitel werden diese Strukturen, ihre Herstellung, Charakterisierung und Verwendungsmöglichkeiten beschrieben.

11.1 Die Quelle des Kohlenstoffes für die CNTs

Die ersten CNTs, die auf den Keramiken erhalten wurden, waren ein Zufallsprodukt. Gleichwohl stellte sich die Frage, wo diese CNTs herkommen bzw. wo die Quelle des Kohlenstoffes zu suchen ist. Die Entstehungsorte der CNTs sind nanoskopisch kleine Nickelpartikel, welche an die Keramikoberfläche zu liegen kommen. Eine Möglichkeit wäre, dass der Kohlenstoff aus der Polymer-Keramik-Matrix in das Nickel hineindiffundiert und dieses nach Sättigung den Kohlenstoff in Form der CNTs nach aussen hin ausscheidet. Eine andere Möglichkeit ist der schon erwähnte CVD-Prozess. Diese Möglichkeit besteht, weil die Pyrolyse von einer starken Gasentwicklung begleitet wird.

Diese Gase bestehen hauptsächlich aus Kohlenwasserstoffen (meist Methan). Wäre die erste Möglichkeit die, dass Kohlenstoff aus der Matrix diffundiert, dann müssten die CNTs auch entstehen, wenn die Pyrolysegase während der Keramisierung abgeführt werden. Dies konnte eindeutig durch entsprechende Experimente ausgeschlossen werden.

Ist die zweite Möglichkeit, die CVD, der treibende Prozess, dann müssten die Pyrolysegase auch auf anderen Nickel-dotierten Materialien als der Keramik zu CNTs führen. Um das zu zeigen, wurde Korund mit Nickel dotiert und in einem gemeinsamen Reaktor mit dem Polymer auf 1100 °C erhitzt. In Abb. 11.1 ist zu sehen, wie die CNTs sich auf der Korundoberfläche gebildet haben.

Um in allen weiteren Versuchen die Kohlenstoffquelle – Pyrolysegase – soweit wie möglich zu nutzen, wurde die dotierte Keramik in eine Niobampulle eingeschweisst und anschliessend pyrolysiert.

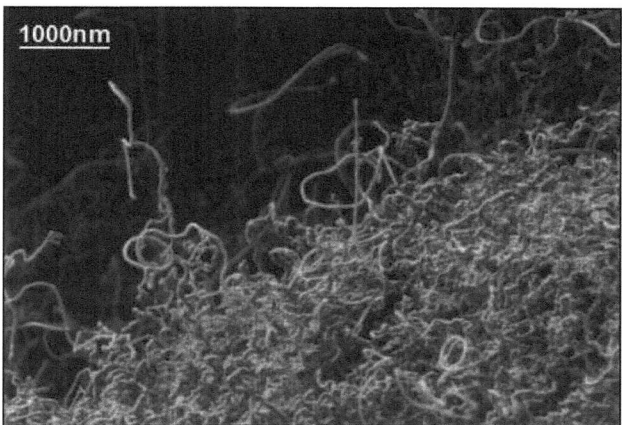

Abb.11.1: CNTs aus den Pyrolysegasen auf nickeldotiertem Korund

11.2 Nickel in Polymer und Keramik

Die CNTs bilden sich während der Pyrolyse durch Ausscheidung von Kohlenstoff aus den mit Kohlenstoff gesättigten Nickelteilchen. Andere Übergangsmetalle als Nickel können ebenfalls verwendet werden, da sie alle die Eigenschaft zeigen, Kohlenstoff in einem gewissen Masse zu lösen. Als Nickelquelle wurde $Ni(COD)_2$ gewählt. Das $Ni(COD)_2$ wurde in THF gelöst und mit dem ebenfalls in THF gelöstem Polymer vermengt und gerührt. Nach Erwärmen und Trocknen wurde ein homogenes rotbraunes Pulver erhalten, in welchem das Nickel fein verteilt ist.

Wie zu erwarten war, bilden sich die CNTs in einem bestimmten Temperatur-Zeit-Fenster, wie auch die Literatur für den CVD-Prozess solche Temperatur-Zeit-Fenster angibt [101, 109-110]. Wie liegt nun das Nickel während dieser Reaktionszeit vor, als Nickelmetall oder als eine Verbindung mit anderen Elementen der Keramik und in welcher Grösse liegt es vor? Dazu wurde an Proben verschiedener Pyrolysegrade Röntgenbeugung durchgeführt. Abbildung 11.2 zeigt die Diffraktogramme zwischen 600 ° und 1000 °C. Sie zeigen eindeutig, dass bis 900 °C metallisches Nickel vorliegt. Aus der Intensität der Reflexe und deren Halbwertsbreiten lässt sich mit Hilfe der Scherrer-Formel die Grösse der Nickelteilchen abschätzen. Eine Berechnung wäre anhand der vorliegenden Diffraktogramme allerdings sehr gewagt. Daher wurde der mit Hilfe der Scherrer-Formel abgeschätzte Grössenbereich von 20 nm bei 600 °C bis 50 nm bei 900 °C mit Hilfe von REM- und TEM-Untersuchungen überprüft und bestätigt. Abb. 11.3 zeigt eine REM-Aufnahme (900 °C), in welcher die homogene Verteilung der Nickelteilchen zu erkennen ist.

Das Wachstum der Nickelteilchen mit zunehmender Temperatur deckt sich mit dem ebenfalls mit der Temperatur zunehmenden Durchmesser der CNTs (nächster Abschnitt).

Die Diffusion der Nickelteilchen findet in der Polymer-Keramik-Matrix bis 900 °C offenbar leicht statt, so dass die Nickelpartikel wachsen können. Die Bildung der bei 1000 °C auftretenden $Ni_{31}Si_{12}$-Phase könnte durch interne Redoxprozesse erklärt werden. Zur Bildung diese Phase muss Silicium zu den bereits bestehenden grossen Nickelteilchen transportiert werden. Dies ist insofern erstaunlich, als erstens die Keramisierung bei diesen Temperaturen fast abgeschlossen ist, d.h. das Netzwerk praktische fertig ausgebildet ist. Zweitens sind die starken kovalenten Bindungen zwischen Silicium und Stickstoff ein hervorstechendes Merkmal der Keramiken. Allerdings weiss man auch seit langem, dass sich auf der Oberfläche der Keramiken bevorzugt SiO_2 sammelt. Vermutlich bildet sich das Silicid an dieser Schicht. Welchen Einfluss das $Ni(COD)_2$ auf diese Reaktion hat, konnte aber bisher nicht aufgeklärt werden.

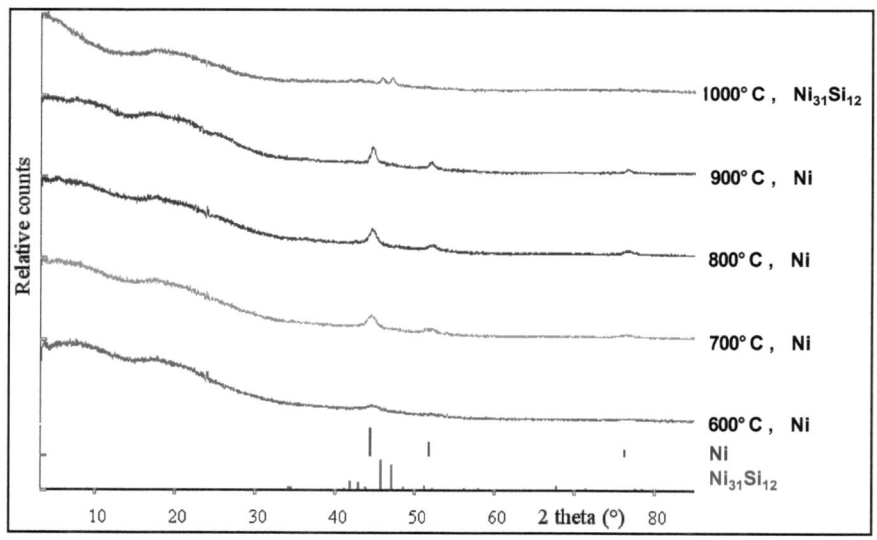

Abb. 11.2: Diffraktogramm des mit Nickel dotierten Polymers zwischen 600 ° und 1000 °C

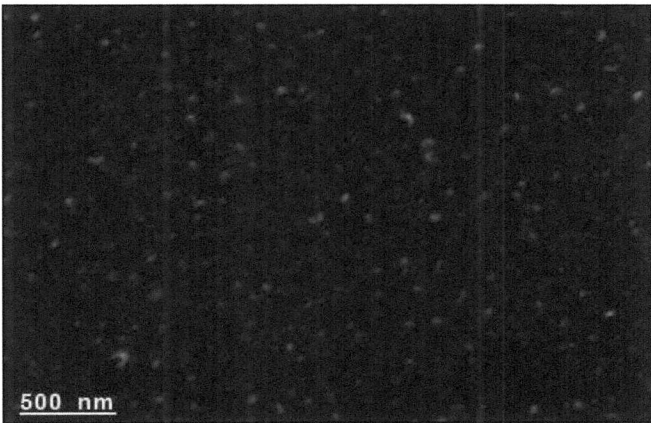

Abb. 11.3: REM-Aufnahme einer nickeldotierten Keramik. Die hellen Bereiche sind metallisches Nickel.

11.3 Kohlenstoffstrukturen im Temperatur-Zeit-Fenster

Welche Arten von Kohlenstoffen entstehen hängt von der Aufheiztemperatur und von der Aufheizgeschwindigkeit ab. Allerdings werden Kohlenstoffstrukturen nicht unterhalb 600 °C erhalten.

11.3.1 Aufheizgeschwindigkeit – 50 K/h

Nach dem Aufheizen auf 600 °C werden sehr feine CNTs erhalten. Ihr Durchmesser beträgt etwa 20 nm und entspricht damit etwa dem Durchmesser der Nickelteilchen bei dieser Temperatur. In Abb. 11.4 ist ein Teppich feiner CNTs auf der Keramik zu sehen.

Ein Aufheizen zu höheren Pyrolysetemperaturen bringt keine grossen Veränderungen in Grösse, Struktur oder Art der CNTs. Dies entspricht auch den Erwartungen, da die Pyrolyse oberhalb 800 °C beendet ist und kein Pyrolysegas entsteht. Pyrolyse bis 1000 °C führt zu ähnlichen CNTs mit etwa 25 nm Durchmesser.

Eine Herstellung von SWCNTs ist mit der hier vorgestellten Methode nicht möglich. Dafür bräuchte es noch kleinere Nickelpartikel als die bei 600 °C erhaltenen. Gleichzeitig benötigt man aber auch eine höhere Temperatur (ca. 800 °C), was aber mit der Bildung von noch grösseren Nickelteilchen einhergeht und sich damit ausschliesst.

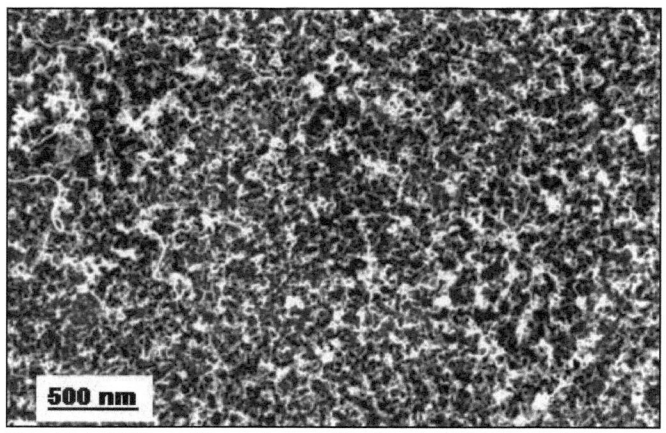

Abb. 11.4: CNTs auf Keramik nach Pyrolyse bei 600 °C (50 K/h)

11.3.2 Aufheizgeschwindigkeit – 100 K/h

Bei 600 °C sind bei 100 K/h CNTs mit Durchmesser 20 nm entstanden. Weiter steigende Temperatur liefert weiteres Pyrolysegas, aber mit einer Geschwindigkeit, die grösser ist als diejenige, mit der das Pyrolysegas durch das CNT-Wachstum abgebaut werden könnte. Die Folge ist, dass die vormals feinen schmalen CNTs jetzt weniger in ihrer Länge wachsen, sondern an ihrer Oberfläche Kohlenstoff anlagern und somit wesentlich dicker werden. Solche bei 900 °C entstandenen Kohlenstoffröhren sind in Abb. 11.5 zu sehen.

Die Durchmesser dieser Röhren betragen etwa 100 nm. Die Graphenschichten der CNTs wirken als Kondensationsflächen für Kohlenstoff zur Bildung weiterer Graphenschichten. Da das Ganze bei recht niedrigen Temperaturen abläuft, kommt es zu vielen Fehlern innerhalb der Schichten (z.B. Fünfecke) und damit zu gekrümmten Formen der Röhren.

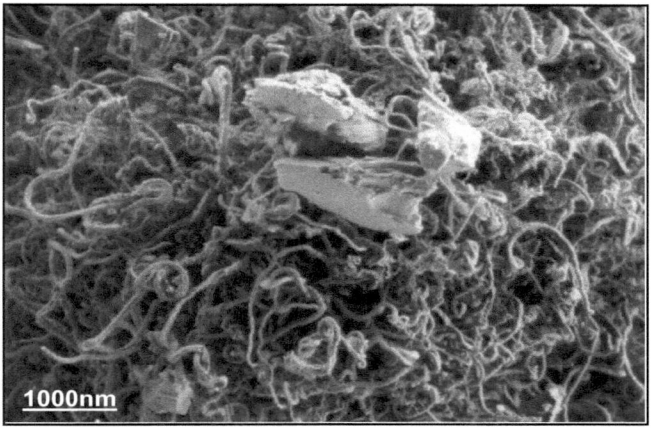

Abb. 11.5: CNTs auf Keramik nach Pyrolyse bei 900 °C (100K/h).

11.3.3 Aufheizgeschwindigkeit – 200 K/h

Wird die Aufheizgeschwindigkeit noch weiter erhöht, ändert dies an der Struktur und Grösse der Röhren kaum noch etwas. Es tritt aber bei Temperaturen über 800 °C noch eine weitere neue Struktur auf. Dabei handelt es sich um so genannte Pyrokohlenstoffe [111]. Dieses sind mikroskopisch kleine Kugeln, welche sich zwiebelartig aus Graphenschichten zusammensetzen. Die Bildung dieser Kugeln geschieht durch Pyrolyse der schnell frei gewordenen Kohlenwasserstoffe, welche nicht zu Kohlenstoff-Nano-Röhren umgewandelt wurden.

Abbildung 11.6 zeigt eine Keramik nach der Pyrolyse bei 1000 °C. Es sind sowohl die Röhren als auch die neu hinzugekommenen Kugeln zu erkennen. Eigene Untersuchungen haben gezeigt, dass die Entstehung der Kugeln unabhängig davon ist, ob die Keramik mit Nickel dotiert ist oder nicht.

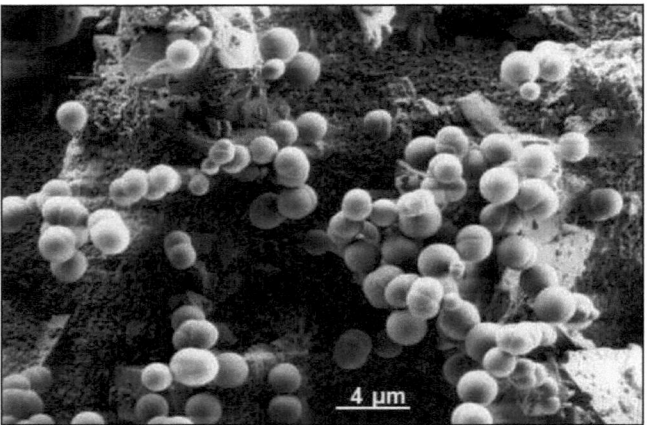

Abb. 11.6: CNTs und Kugeln auf Keramik nach Pyrolyse bei 1000 °C (200K/h).

11.3.4 Zusammenfassung

In Abbildung 11.7 ist gezeigt, welche Grössen der verschiedenen Strukturen in Abhängigkeit der Aufheizrate und Endtemperatur entstehen. Bis 40 nm sind dies die feinen CNTs, zwischen 80 und 120 nm die gröberen CNTs und ab 2 µm die Pyrokohlenstoffe.

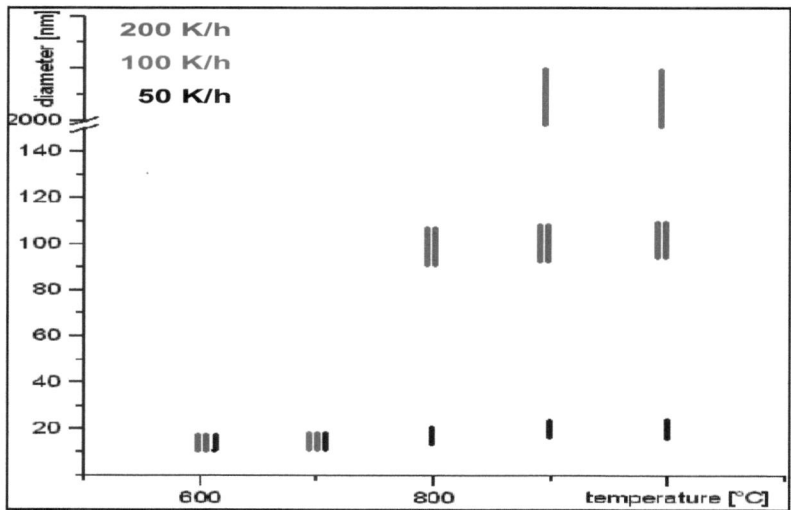

Abb. 11.7: Durchmesser in Abhängigkeit von Temperatur und Heizrate

11.4 Charakterisierung der Kohlenstoffstrukturen

Die Charakterisierung der CNTs erfolgte mit Hilfe der Raman-Spektroskopie [112]. Dabei wurden nur Proben mit den feinen, kleinen CNTS untersucht, weil eine gezielte Untersuchung einzelner Spezies auf Proben mit verschiedenen Strukturen nicht möglich war. Abbildung 11.8 zeigt das Ramanspektrum der feinen CNTS. Die starke Bande bei 1327 cm^{-1} (D-Bande) ist den vielen Defekten in den CNTs zuzuordnen. D.h. viele Sechsringe in der Graphenschicht sind durch Fünfringe oder Siebenringe ersetzt. Teilweise sind sicher auch Kohlenstoffatome durch andere Elemente, z.B. durch Stickstoff, welcher sich ebenfalls in den Pyrolysegasen befindet, ersetzt. Diese Annahmen erklären die beobachteten Formen der CNTs gut. Wären sie Defekt-frei müssten sie linear wachsen. Dies ist aber offensichtlich nicht der Fall. Die vielen Fehler in den Graphenschichten führen nicht nur zu einer starken D-Bande, sondern auch zu den stark gewundenen Formen.

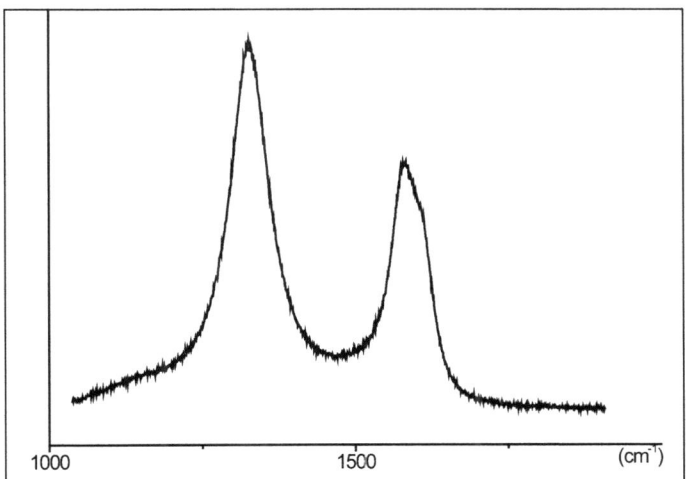

Abb. 11.8: Ramanspektrum der CNTs auf Keramik

Die thermische Stabilität der Kohlenstoffstrukturen wurde bis 1700 °C getestet. Dabei konnten keine Veränderungen in den Strukturen festgestellt werden, d.h. die beschichteten Keramiken haben einen vergleichbaren thermischen Einsatzbereich wie die unbeschichteten Keramiken.

11.5 Anwendungen der Kohlenstoffbeschichtungen

Kohlenstoff-Nanoröhrchen zeigen katalytische Effekte. Diese können verstärkt bzw. angepasst werden, wenn diese CNTs mit katalytisch wirksamen Verbindungen imprägniert werden. Ein wesentlicher Punkt für Katalysatoren ist ihre grosse Oberfläche. Diese ist mit der Verteilung der aktiven Spezies auf/in den CNTs bestens erfüllt.

Normalerweise werden CNTs, welche auf Oberflächen aufgebracht werden sollen, ebenfalls durch einen CVD-Prozess hergestellt. Dabei werden die mit CNTs zu beschichtenden Oberflächen mit z.b. Nickelsalzlösungen (aufsprühen, dip-coaten) imprägniert. Diese Nickelspezies gehen aber keine Verbindungen mit der Oberfläche (z.B. Korund), auf welcher sie aufgebracht werden, ein. Ein wesentlicher Vorteil des hier vorgestellten Systems ist, dass die Nickelteilchen fest mit der Keramik verbunden bzw. in diese eingebunden sind. Das bedeutet schlussendlich, dass die CNTs fest auf der Oberfläche verankert sind. Somit könnten katalytische Umsetzungen auch in einem Strömungsreaktor durchgeführt werden, ohne dass die CNTs beschädigt bzw. abgetragen würden.

Durch die hydrophoben CNTs zeigen die Keramiken einen Lotuseffekt (Abb. 11.9). Auch für ein Ausnutzen dieses Effekts ist es von Vorteil, wenn die Beschichtungen durch den festen Verbund von Keramik und CNT dauerhaft sind.

Abb. 11.9: Wassertropfen auf CNT-beschichteter Keramik (nach *HABERECHT*)

12 Ausblick

Die multinären Keramiken, welche über die Polymerroute hergestellt werden, erfuhren in den letzten zehn Jahren ein zunehmendes Interesse. Die Kombination von Eigenschaften, wie mechanische Festigkeit und Härte bei niedriger Dichte, hoher Verschleissfestigkeit und gleichzeitiger hervorragender thermischer und chemischer Beständigkeit auch unter oxidierenden Bedingungen, begründen dieses Interesse. So sind solche Keramiken als Beschichtungen in Wärmekraftmaschinen möglich, was zu höheren Betriebstemperaturen und somit Wirkungsgraden führt. Dies führt zu Brennstoffeinsparungen. Als Komposite mit CNTs sind chemisch beständige Katalysatoren möglich. Man könnte noch eine lange Auflistung potentieller Anwendungen geben.

Aber genau in der Eigenschaft *potentiell* liegt derzeit noch das Problem, speziell wenn man von den ein- und zweidimensionalen Werkstücken, wie dünnen Fasern und dünnen Beschichtungen, zu den dreidimensionalen Werkstücken, wie Tiegeln oder Kacheln, kommt. Denn im mikroskopischen Bereich sind die mechanischen Eigenschaften sehr wohl gegeben, aber im makroskopischen bisher kaum verwirklicht. Dies liegt, wie auch in dieser Arbeit dargelegt, an der starken Schrumpfung bei der Herstellung der Keramiken aus ihren Vorläufern.

Diese Schrumpfung kommt nicht nur durch die Dichterhöhung, sondern auch durch eine die Pyrolyse begleitende starke Abgabe von Gasen zustande (Materialverlust). Diese Gasabgabe könnte wesentlich reduziert werden, wenn die terminalen Gruppen im Vorläufer reduziert werden. Denn diese Gruppen sind es im Wesentlichen, die in neuen Verbindungen als Gas entweichen (terminaler Wasserstoff als H_2, Methylgruppen als CH_4). Eine Vernetzung zweier solcher Endgruppen schafft diese selber ab. Somit wäre dieses Problem leicht zu beseitigen. Aber wie immer ist eine Änderung an einem Istzustand mit Problemen verbunden. Ändert man einen Parameter um eine bestimmte Eigenschaft zu verbessern, verschlechtert sich in der Regel eine andere. Bei den Vorläufern bedeutet eine solche höhere Vernetzung eine starke Zunahme der Viskosität, was die Formgebung erschwert. Man könnte einwenden dass dies nicht so schlimm ist da, wie in Kapitel 11 vorgestellt, Pulverpresslinge zu kompakten Werkstücken führen können. Diese Pulverteilchen müssen aber untereinander vernetzt werden, um Stabilität zu erreichen. Das ist aber auf Grund der Vorvernetzung nicht mehr möglich.

Selbst wenn sich Möglichkeiten finden lassen, welche die Gasabgabe weiter minimieren, was wahrscheinlich geschehen wird, bleibt das Problem der

Dichterhöhung, was ebenfalls zur Schrumpfung führt. Und dabei verhalten sich die Keramiken noch vorteilhaft, weil ihre ermittelte Dichte von etwa $2g/cm^3$ schon deutlich geringer ist als ihre theoretische, welche zwischen 2,3 und $3,2g/cm^3$ [15] liegen sollte.

Man kann das Problem sicher von mehreren Seiten anpacken. Zum einen könnten die technischen Parameter verändert werden – z.B. eine Druckerhöhung während des Warmpressens. Die dabei wirkenden Kräfte sind zu einem Teil dann sicher im Werkstück *eingearbeitet* und könnten durch ein Entspannen (Rissbildung) wieder freigesetzt werden, was letztlich zum Versagen des Materials führt.

Letztendlich muss eine chemische Veränderung an den Vorläufern oder Zwischenstufen oder irgendwie auch an der Keramik vorgenommen werden, um der Spannungsbildung entgegenzuwirken. Leider muss ich alle Ideen, die mir dazu kommen, nach kurzer Zeit wieder verwerfen, weil weitere Probleme auftreten (siehe vorherige Seite).

Das beste Ergebnis wird zum Schluss wohl eine Kombination aus beidem sein – Veränderung technischer und chemischer Parameter und somit ein Kompromiss aus mehreren Veränderungen.

Bemerkung

Bitte dieses Kapitel und die Aussagen zur düsteren Zukunft der hier vorgestellten Keramiken nicht als absolut ansehen. Nicht dass in ein paar Jahren jemand kommt und sagt: „Da hat der Kaspar aber nicht Recht behalten!„

13 Experimenteller Teil

13.1 Verwendete Geräte

Pulverdiffraktometer
STOE STADI P2, Transmission-Mode, Germaniummonochromator, $Cu_{K\alpha 1}$= 1.54056Å Material als homogenes Pulver in Hilgenberg Markröhrchen (4007405)

Bruker AXS D8 PD, PSD-50m Detector (M-Braun), $Cu_{K\alpha 1}$= 1.54056Å, Bragg – Brentano Material als Membran auf Korund-Probenträger

Rasterelektronenmikroskop
Zeiss Leo 1530 Gemini

Transmissionselektronenmikroskop
Philips CM 30 ST, 300kV, Fe/LaB_6-Kathode

Magnetfeldmessungen
SQUID Magnetometer MPMS 5S, in Quarzröhrchen

DTA / TG
Netsch STA 409, in Korundtiegel

UV/VIS
Perkin Elmer Lambda 19, 10mm Quarz Küvetten, Dual-Beam-Methode

Autoklaven
Parr General Purpose Bombs 4744 und 4749

Öfen
Heraeus R 4/50, Nabertherm L5/S17

Zentrifuge
Heraeus Biofuge primo centrifuge, 4000rpm

Lichtmikroskop
Zeiss Axioskop 2 Mat, Auflicht

Ultraschall
Bandelin DK512P 35kHz, 400 Watt

Raman
Perkin Elmer Spectrum 2000 NIR FT Raman.

IR
Perkin Elmer 2000NIR in Reflexion (goldengate)

Elementaranalyse
LECO CHN-900, LA-ICP-MS Perkin Elmer/SCIEX Elan 6100 DRCICP-MS

Warmpresse
Eigenbau; Maximale Temperatur 400 °C, Maximaler Druck 400 MPa. Wurde gleichzeitig auch zum Kaltpressen verwendet.

NMR-Messungen
Spektren in Lösung auf Spektrometer Bruker DPX 250 und 300.

Schmelzpunkt
Material in geschlossener Glaskapillare in Apparatur der Firma Büchi (Methode nach Dr. Trottoli)

13.2 Synthesen für GO-Materialien

Graphitoxid mit kleinen Flakes
10 g Graphitpulver (Alfa Aeser GmbH & Co KG; Graphite powder, natural, universal grade, -200 mesh, 99,9995%, metal basis) werden mit 85 g Natriumchlorat-Pulver (Fisher Scientific AG, powder, analytical grade) in einem 500 ml Dreihalskolben mit KPG-Rührer gut gemischt. Das Gemenge wird mit einer Eis-Kochsalz-Mischung auf ca. -20 °C gekühlt und langsam gerührt. Dann lässt man innert 6 Stunden unter ständigem Rühren und einer Temperatur nicht grösser als -15 °C 60 ml rauchende Salpetersäure (VWR, Nitric acid fuming, 100% GR for analysis ACS) aus einem 100 ml Tropftrichter zutropfen. Nach dem Zutropfen lässt man unter Rühren auf Raumtemperatur abkühlen und ca. 12 Stunden weiterrühren. Anschliessend wird vorsichtig innert 2 Stunden unter Rühren im Ölbad auf ca. 60 °C erhitzt und 10 Stunden bei 60 °C rühren gelassen. Nach Abkühlen auf Raumtemperatur wird der Kolben mit kaltem Wasser (Milli-Q-Water) aufgefüllt und alles suspendiert. Das Ganze wird in ca. 2 l Wasser (Milli-Q-Water) aufgenommen und gewaschen, danach lässt man absetzten (kann mehrere Stunden dauern) und dekantiert. Danach wird es noch mindestens 5-mal mit je 2 l Wasser (Milli-Q-Water) gewaschen. Dekantieren wird dem Filtrieren vorgezogen, da sonst alle Filterporen verstopft werden. Die so erhaltene Masse wird gefriergetrocknet und man erhält ca. 16 g eines sehr lockeren elfenbeinweissen Pulvers.

Ist der pH-Wert einer 1g/L Suspension (Gleichgewichtseinstellung abwarten) kleiner als 4,5, so muss die Säure durch weiteres Waschen entfernt werden. Es kann vorkommen, dass das Produkt noch dunkel ist und/oder der Schichtebenenabstand des mindestens 24 h im Hochvakuum getrockneten Produktes kleiner als 5,5 Å ist. Dann wird der ganze Oxidationsvorgang mit dem Produkt noch einmal wiederholt. Die hohe Reinheit der Edukte war den späteren SQUID-Messungen geschuldet.

Graphitoxid mit grossen Flakes
10 g Graphitflakes (Alfa Aeser GmbH & Co KG; Graphite flake, natural, -10 mesh, 99,9%, metal basis) werden mit 85 g Natriumchlorat-Pulver (Fisher Scientific AG, powder, extra pure) in einem 500 ml Dreihalskolben mit KPG-Rührer gut gemischt. Das Gemenge wird mit einer Eis-Kochsalz-Mischung auf ca. -20 °C gekühlt und langsam gerührt.

Dann lässt man innert 6 Stunden unter ständigem Rühren und einer Temperatur nicht grösser als -15 °C 60 ml rauchende Salpetersäure (VWR, Nitric acid fuming, 100% extra pure) aus einem 100 ml Tropftrichter zutropfen. Nach dem Zutropfen lässt man unter Rühren auf Raumtemperatur abkühlen und ca. 12 Stunden weiterrühren. Anschliessend wird vorsichtig innert 2 Stunden unter Rühren im Ölbad auf ca. 60 °C erhitzt und 10 Stunden bei 60 °C rühren gelassen.

Nach Abkühlen auf Raumtemperatur wird der Kolben mit kaltem Wasser (deionisiert) aufgefüllt und alles suspendiert. Das Ganze wird in ca. 2 l Wasser (deionisiert) aufgenommen und gewaschen, danach lässt man absetzten (kann mehrere Stunden dauern, soll auch da Ionen zwischen den Schichten ausgewaschen werden, was sehr zeitintensiv ist) und dekantiert. Und noch mindestens 2-mal mit je 2 l Wasser (deionisiert) gewaschen.

Dekantieren wird dem Filtrieren vorgezogen, da sonst alle Filterporen verstopft werden. Die so erhaltene Masse wird gefriergetrocknet und man erhält ca. 16 g eines Pulvers. Der ganze Oxidationsvorgang wird mit dem Produkt 2-mal wiederholt. Nach dem letzten Vorgang wird statt 2-mal mindestens 5-mal gewaschen.

Ist der pH-Wert einer 1g/L Suspension (Gleichgewichtseinstellung abwarten) kleiner als 4,5, so muss die Säure durch weiteres Waschen entfernt werden. Nach dem Gefriertrocknen wird ein elfenbeinweisses Pulver erhalten.

GO-Suspensionen

Zum Herstellen von GO-Suspensionen soll eine kolloide Verteilung des GO vermieten werden. Dazu darf der pH-Wert des Suspensionsmittels Wasser nicht über 5 steigen. Falls der pH-Wert zu hoch ist kann mit HCl angesäuert werden. Suspensionen können prinzipiell in jeder gewünschten Konzentration hergestellt werden. Die gewünschte Menge GO wird durch kräftiges Schütteln im Suspensionsmittel verteilt. Da der pH-Wert kleiner als 5 ist darf auch Ultraschall angewendet werden um eine sehr homogene Suspension zu bekommen. Die suspendierten Teilchen neigen nach der Behandlung nicht zu weiterer Agglomerisation und können bis zum weiteren Gebrauch (auch längere Zeit) stehen gelassen werden. Kurz vor Gebrauch muss die Suspension dann kräftig geschüttelt oder gerührt werden um sie zu homogenisieren.

GO Dispersionen

Zur Herstellung der GO-Dispersionen wird von den GO-Suspensionen ausgegangen. Es dürfen aber keine Suspensionen verwendet werden, welche vorher angesäuert wurden. Es werden 0,3 ml Ammoniak (25%ig) zugegeben und durch Schütteln verteilt. 24-stündige Ultraschallbehandlung (400Watt) fördert die kolloide Verteilung erheblich, zerkleinert aber auch die Schichten, ist also nicht anzuwenden wenn besonders grosse Schichten gewünscht sind. Nach einwöchigem Stehenlassen haben sich alle gröberen unlöslichen Partikel abgesetzt und die Lösung ist nach Dekantieren ein Kolloid.

Folgende Konzentrationen sollten nicht überschritten werden, da die kolloiden Dispersionen sonst zum Agglomerieren neigen.

für wässrige Dispersionen: 1g/l;für organische Dispersionsmittel: 0,5g/l; für wässrige Dispersionen welche autoklaviert werden sollen:1g/l für die kleinen Flakes; 0,1g/l für die sehr grossen Flakes

GO Papier / Membranen

Verfahren 1: Eintrocknen der wässrigen GO Dispersion. Da dieses Verfahren zeitabhängig ist sollte nicht bei Temperaturen über 100 °C gearbeitet werden. Ansonsten ist die Menge und Konzentration der GO-Dispersion so zu wählen bzw. zu berechnen, dass die gewünschte Schichtdicke erhalten wird. Es ist von Vorteil die Gesamtmenge der Dispersion auf einmal zum Eintrocknen zu verwenden und nicht in mehreren Schritten. Mehrmalige Zugabe der Dispersion nur wenn es die Schichtdicken erfordern und dann ist darauf zu achten, dass die Vorlage nicht eintrocknet, da es sonst bei erneuter Zugabe der Dispersion zu einem Aufwellen des bereits vorhandenen Papier/Beschichtung kommt.

Verfahren 2: Filtrieren der Dispersion über einen Filter

Dieses Verfahren ist in der aktuellen Literatur gut beschrieben und angewendet. Es kann aber aus den Erfahrungen der vorliegenden Arbeit nicht empfohlen werden. Die Poren des Filtermaterials (< 200nm) werden sehr schnell verstopfen, da sich die Flakes darüber legen und somit die wesentlich kleineren Filterporen komplett abdecken/schliessen. So sind nur sehr geringe Schichtdicken möglich. Diese dünnen Schichten sind aber sehr schwierig vom Filtermaterial abzutrennen.

Verfahren 3: Eintrocknen einer Suspension. In den Suspensionen liegen die GO-Plättchen im Mikrometermassstab vor. Da GO aus Graphit hergestellt wurde und dieses Produkt noch nicht kolloid dispergiert war blieb die graphitische Struktur erhalten und die Plättchen können sich am Boden der Suspension anisotrop absetzten. Nach abtrennen des Suspensionsmittels werden so anisotrope Beschichtungen erhalten. Diese sind aber nicht sehr stabil.

GO-Beschichtungen
Siehe Verfahren 1 GO-Papier und Aufbringen auf die gewünschte Unterlage.

GO-Trägermaterial für Mikroskopie
Das Aufbringen von einzelnen GO-Flakes auf den TEM-Probenträger, auf Si/SiO_2-Wafer für die Lichtmikroskopie und auf HOPG oder Glimmer für die AFM erfolgt durch Auftropfen einer 1µg / l Dispersion von GO (egal mittels welchen Lösungsmittels). Nach dem Eintrocknen der Lösung können die Flakes direkt untersucht werden. Für unsere Untersuchungen wurden nur die grossen GO-Flakes verwendet.

GO-Salze
Hierfür nur GO verwenden, das nach der Herstellung aus Graphit nur suspendiert, aber noch nicht dispergiert war.

GO-Suspension (z.B. 5g / l) mit 10-fachem Überschuss an MOH (z.B. $Ca(OH)_2$) versetzen. Man beachte, dass z.B. bei $Ca(OH)_2$ mit frisch destilliertem Wasser unter

Luftausschluss gearbeitet werden muss, da es sonst zur Bildung von Carbonaten kommt. Je nach Flakegrösse wird die Suspension unter leichtem Rühren und Lichtausschluss (sonst Zersetzung des GO und somit Carbonatbildung) nicht über Raumtemperatur wenigstens 24h stehen gelassen. Anschliessend wird die Suspension abgetrennt und gewaschen. Zum Waschen wird Wasser oder besser ein Alkohol verwendet, der das überschüssige MOH lösen kann.

Fällung des GO aus kolloiden Dispersionen

Das kolloid dispergierte GO kann aus den wässrigen Lösungen ausgefällt werden. Dazu werden verdünnte Salzlösungen zugetropft. Hochgeladene Kationen führen schon bei geringster Zugabe (Spatelspitze $AlCl_3$ auf 1Liter GO-Dispersion) zur Agglomerisation. Die Agglomerisation tritt allerdings nicht immer sofort ein. Um unnötige Mengen Salz zu vermeiden muss vor weiterer Zugabe wenigstens 5 Minuten gewartet werden. Die gleiche Wirkung wie die hochgeladenen Kationen zeigen Protonen. Die Anionen spielen in der Regel keine Rolle und können daher leicht den gewünschten Bedürfnissen angepasst werden. Hydroxide und andere Basen sind zu vermeiden. Lithium- und Ammoniumsalze ebenfalls.

GO-Komposite

Kolloide GO-Dispersionen werden mit einem weiteren Kolloid direkt vermischt. Es wird leicht gerührt oder geschüttelt. Sollte nach 1 Stunde nichts ausgefallen sein, wird ein Flockungsmittel (siehe Abschnitt zuvor) zugegeben. Nach dem Ausflocken wird abgetrennt (dekantieren/zentrifugieren) und gewaschen.

Trocknen von GO

Es wird empfohlen feuchtes GO nicht im Ofen zu trocknen, sondern im Hochvakuum. Durch das Abdampfen des Lösungsmittels im Vakuum sinkt die Temperatur und es kommt zum Einfrieren. Im weiteren Trocknungsprozess wird das Lösungsmittel dann absublimiert. Auf diese Weise wird ein sehr lockeres Pulver erhalten, welches sehr leicht weiterverarbeitet werden kann (besseres Suspendieren, Dispergieren, Mörsern)

13.3 Synthesen für redGO-Materialien

redGO-Pulver / redGO-Formkörper

Verfahren 1: Aufheizen von GO im Ofen. Die Reduktionstemperatur ist je nach Aufheizgeschwindigkeit etwa bei 200 °C. Langsames Aufheizen mit weniger als 0,1K/min zwischen 180 und 250 °C führt zu reduziertem GO unter Beibehaltung seiner Form (z.B. Papier oder Beschichtung). Der Reduktionsgrad ist wie in Kapitel 3 gezeigt von der Zieltemperatur abhängig. Zum vollständig reduzierten Produkt weiter bis auf 1000 °C aufheizen (10K/min). Schnelles Aufheizen mit 100K/min und mehr führt zu höchstlamenarem sehr fein verteiltem redGO.

Um Nebenreaktionen der Abbauprodukte (Wasser, Kohlenoxide) mit weiteren Edukten zu vermeiden, kann die Reduktion unter Vakuum durchgeführt werden. Achtung: bei schnellem Aufheizen den flockigen Kohlenstoff nicht mit absaugen! Es ist immer von Vorteil einen Frittenfilter zwischen Pumpe und Reaktionsraum zu bringen, da es immer zu Verpuffungen kommen kann.

Die Abkühlgeschwindigkeit hat nach bisherigem Wissen keinen Einfluss auf das Produkt.

Verfahren 2: Aufheizen im Autoklaven. Reduktionstemperatur je nach Suspensionsmittel zwischen 180 und 200 °C. Aufheizgeschwindigkeit muss durch die Charakteristik des Autoklaven bestimmt werden. Ist das Lösungsmittel in der Lage das GO zu dispergieren, so ist der pH-Wert unter 4 einzustellen, um das Dispergieren zu verhindern. Weiterhin muss darauf geachtet werden bei welchen Temperaturen sich die Suspensionsmittel zersetzen können. Ebenfalls sollte beachtet werden, wie der beschichtete Körper mit dem Suspensionsmittel (unter leicht sauren Bedingungen) reagiert.

redGO-Dispersionen

Frisch hergestellte GO-Dispersionen mit kleinen Flakes können bis 1g/l und GO-Dispersionen mit den grossen Flakes bis 0,1g/l verwendet werden. Frisch hergestellt bedeutet lediglich das darauf geachtet werden muss das sich möglichst alles GO kolloid gelöst hat. GO-Dispersionen werden im Autoklaven mit Tefloninlett bei wenigstens 140 °C in 6h reduziert. Besser sind 200 °C. Die Autoklaven sollten nicht zu mehr als 50% gefüllt werden. Nach der thermischen Behandlung sollten die Proben möglichst zeitnah aus dem Autoklaven genommen und zentrifugiert werden. Auf diese Weise werden alle beginnenden Agglomerisationen unterbunden und stabile kolloide Dispersionen erhalten. Anders als bei der Zersetzung von trockenen GO-Pulverproben im Ofen kann bei dieser Methode der Reduktionsgrad und der Schichtabstand nicht eingestellt werden, sondern es gibt nur zwei Zustände – zersetzt und nicht zersetzt (Vgl. Kap. 3)

redGO-Papier / Membranen

Verfahren 1: Gleiches Vorgehen wie bei den **GO Papier / Membranen,** aber unter Einsatz von redGO-Dispersionen.

Verfahren 2: Herstellen einer GO-Membran mit anschliessender Reduktion wie unter **redGO-Pulver / GO-Formkörper** beschrieben

redGO-Beschichtungen

Verfahren 1: Gleiches Vorgehen wie bei den **GO-Beschichtungen,** aber unter Einsatz von redGO

Verfahren 2: Reduzieren einer GO-Beschichtung wie bei **redGO-Pulver / redGO-Formkörper** beschrieben.

Dabei ist zu beachten, dass nicht alle Trägermaterialien den hohen Temperaturen bzw. den Bedingungen im Autoklaven standhalten.

redGO-Trägermaterial für Mikroskopie

Verfahren 1: Gleiches Vorgehen wie bei **GO-Trägermaterial für Mikroskopie,** aber unter Einsatz von redGO als Ausgangsprodukt

Verfahren 2: Reduzieren einer GO Schicht wie bei **redGO-Pulver / redGO-Formkörper** beschrieben. Dabei ist zu beachten, dass nicht alle Trägermaterialien den hohen Temperaturen bzw. den Bedingungen im Autoklaven standhalten.

Fällung des redGO aus kolloiden Dispersionen

Das kolloid dispergierte redGO kann aus den wässrigen Lösungen ausgefällt werden. Dazu werden verdünnte Salzlösungen zugetropft. Hochgeladene Kationen führen schon bei geringster Zugabe (Spatelspitze $AlCl_3$ auf 1Liter redGO-Dispersion) zur Agglomerisation. Die Agglomerisation tritt allerdings nicht immer sofort ein. Um unnötige Mengen Salz zu vermeiden, muss vor weiterer Zugabe wenigstens 5

Minuten gewartet werden. Die gleiche Wirkung wie die hochgeladenen Kationen zeigen Protonen. Die Anionen spielen in der Regel keine Rolle und können daher leicht den gewünschten Bedürfnissen angepasst werden. Hydroxide und andere Basen sind zu vermeiden. Lithium- und Ammoniumsalze ebenfalls.

redGO-Komosite
Kolloide redGO-Dispersionen werden mit einem weiteren Kolloid direkt vermischt. Es wird leicht gerührt oder geschüttelt. Sollte nach 1 Stunde nichts ausgefallen sein, wird ein Flockungsmittel (siehe Abschnitt zuvor) zugegeben. Nach dem Ausflocken wird abgetrennt (dekantieren/zentrifugieren) und gewaschen.

Trocknen von redGO
Es wird empfohlen feuchtes redGO nicht im Ofen zu trocknen, sondern im Hochvakuum. Durch das Abdampfen des Lösungsmittels im Vakuum sinkt die Temperatur und es kommt zum Einfrieren. Im weiteren Trocknungsprozess wird das Lösungsmittel dann absublimiert. Auf diese Weise wird ein sehr lockeres Pulver erhalten, welches sehr leicht weiterverarbeitet werden kann (besseres Suspendieren, Dispergieren, Mörsern)

13.4 Reaktionen /Eigenschaften von GO und redGO

Ausfrieren
Zum Abscheiden von GO und redGO aus den Dispersionen, ohne dieses zu verunreinigen, wird die Lösung eingefroren. Dabei fällt das Kohlenstoffmaterial aus. Nach dem Wiederauftauen bleibt das Kohlenstoffmaterial aber agglomerisiert und kann abgetrennt werden. Ein erneutes Dispergieren ist bei redGO bisher nicht möglich.

Filtrieren
Aus den Dispersionen gefälltes GO und redGO (durch Elektrolyt-Zugabe oder durch Ausfrieren) kann über einen normalen Papierfilter abfiltriert werden. Das Absaugen des Lösungsmittels durch den Filter wird nicht empfohlen, da so die Filterporen verstopft werden.

13.5 Synthesen der keramischen Materialien und entsprechender Vorstufen

Bis(diisopropylamino)borylchlorid
Unter Argon-Schutz-Gas werden 137,6g BCl_3 (1,1744 mol) bei -40 °C Badtemperatur in 3L Schlenkkolben mit 1,5L Toluol gegeben. Aus gekühltem Tropftrichter (-40 °C, Trockeneis, Lösungsmittelgemisch) werden innert 2h 700 ml Diisopropylamin zugegeben. Nach Erwärmen auf RT wird unter weiterem Rühren über Nacht der Niederschlag über eine Fritte abfiltriert mit Toluol gewaschen und verworfen. Von der so erhaltenen Lösung werden das Toluol und restliche Amine im Vakuum entfernt. Das erhaltene Rohprodukt wird im HV bei 100 °C fraktioniert destilliert. Ausbeute ca. 210g (73%)

Bis(diisopropylamino)borylacetylen
Unter Argon-Schutz-Gas werden 84g des Bis(diisopropylamino)borylchlorid in THF gelöst und zu einer Suspension von 25g Natriumacetylid in THF gegeben. Nach Zugabe einer Spatelspitze Dibenzo-12-Krone4 und kräftigem Rühren über Nacht ist die Umsetzung vollständig. Der Niederschlag wird über eine G3-Fritte mit Cellite abfiltriert mit THF gewaschen und verworfen. Von der so erhaltenen Lösung wird das THF im Vakuum entfernt. Das Rohprodukt wird im HV bei etwa 100 °C destilliert. Ausbeute an farblosem Feststoff ca. 74g (92%)

B-Triethinylborazin
Unter Argon-Schutz-Gas werden 56g Bis(disiopropylamino)borylacetylen werden in 500 ml Toluol gelöst und 150g frisch trockenes und frisch fein gemörsertes Ammoniumchlorid hinzugegeben (das Ammoniumchlorid muss ebenfalls unter Schutzgas gemörsert und zugegeben werden). Nach Refluxieren über Nacht ist die Umsetzung vollständig. Das überschüssige Ammoniumchlorid wird abfiltriert und verworfen und das Toluol der erhaltenen Lösung im HV abgezogen. Das so erhaltene Produkt wurde in THF umkristallisiert und reinweiss erhalten. Ausbeute ca. 11g.

B-Tris(trichlorsilylvinyl)borazin
Unter Argon-Schutz-Gas werden zu einer Lösung von4,5g von B-Triethinylborazin in 300ml Toluol eine Spatelspitze des Katalysators Pt/C gegeben. Diese Suspension über Nacht gerührt. Die Suspension wird mit einer Eis-Kochsalz-Mischung auf ca. -

15 °C gekühlt. Unter Rühren werden langsam 30ml stark gekühltes Trichlorsilan zugetropft anschliessend auf RT erwärmen lassen. Nach Refluxieren über Nacht ist die Reaktion beendet. Die Lösung wird über eine G4-Fritte mit Cellite filtriert und Lösungsmittel und restliches Trichlorsilan im HV entfernt. Das farblose Produkt fällt zunächst als ein Gemisch aus flüssigen und festen Bestandteilen an, welches nach einigen Tagen zum grössten Teil durchkristallisiert. Ausbeute ca. 16g (99%)

Polymerisation – Polymerbildung (nTASVB)
Unter Argon-Schutz-Gas werden 10g B-Tris(trichlorosilylvinyl)borazin in 5ml THF gelöst. Dann kondensiert man bei -40 °C ca. 25ml Methylamin ein. Dabei fällt ein weisser Niederschlag aus. Man rührt einen Tag bis 1 Woche je nach gewünschtem Vernetzungsgrad. Der Niederschlag wird abfiltriert mit THF gewaschen und verworfen. Von der Lösung werden überschüssiges Amin und Lösungsmittel im Vakuum entfernt. Ausbeute ca. 5g einer klaren hochviskosen Flüssigkeit (nTASVB)

Nickeldotiertes Polymer (Ni-nTASVB)
Unter Argon-Schutz-Gas werden 100mg $Ni(COD)_2$ in 2ml THF gelöst und diese Lösung zu einer Lösung von 1g Polymer (nTASVB) in 5ml THF Lösung zugeben. Das Ganze unter Rühren bei ca. 75 °C halten. So vom Lösungsmittel befreien und Polymer weiter vernetzen. Es werden ca. 1100mg eines rotbraunen Pulvers erhalten.

13.6 Keramisierungen

Zur Keramisierung wird die gewünschte Menge des Polymers unter Argon-Schutz-Gas in einen Glaskohlenstofftiegel gegeben und dieser wiederrum in ein Quarzrohr. Das Ganze mehrmals mit Schutzgas gespült und in einem Ofen unter Schutzgas keramisiert. Aufheizgeschwindigkeit: 5K/h; Maximale Temperatur: 1300 °C; Abkühlung: Ofen wird ausgeschaltet, d.h. 10K/min

Keramisierung der kompakten Stücke
Den Tiegel mit dem Stück wie im vorherigen Abschnitt beschrieben in den Ofen bringen. Aufheizgeschwindigkeit: 5K/h; Abweichungen: siehe Kap. 10 ; Maximale Temperatur: 1300 °C

Keramisierung des nickeldotierten Polymers

Das nickeldotierte Polymer (Ni-nTASVB) in eine Niob-Ampulle einschweissen. Die Ampulle unter Schutzgas in den Ofen bringen. Aufheizgeschwindigkeit: bis zu 100K/min; Abweichungen: siehe Kap. 11; Maximale Temperatur: siehe Kap. 11; Abkühlung: Ofen wird ausgeschaltet, d.h. 10K/min Anschliessend wir die Keramik unter Argon-Schutz-Gas aus der Niob-Ampulle genommen und wie unter „Keramisierung" beschrieben bis 1300 °C keramisiert.

Kristallisation der Keramiken

Zur Keramisierung wird die gewünschte Menge des Polymers (nTASVB) unter Argon-Schutz-Gas in einen Glaskohlenstofftiegel gegeben und dieser wiederrum in ein Quarzrohr. Das Ganze mehrmals mit Schutzgas gespült und in einem Ofen unter Schutzgas keramisiert. Aufheizgeschwindigkeit: 5K/h; Maximale Temperatur: 1300 °C; Anschliessend wird bis wenigstens 1700 °C aufgeheizt und bei dieser Temperatur für wenigstens 12 Stunden gehalten; Abkühlung: Ofen wird ausgeschaltet, d.h. 10K/min

Sintern der Keramiken

Hierfür wird als das Polymer unter Argon-Schutz-Gas schnell pyrolysiert, die so erhaltene Keramik fein gemörsert (<32µm). Dieses Keramikpulver wird anschliessend mit Polymer (Masseverhältnis 5:1) unter Schutzgas vermörsert, in einer Presse zu einem Zylinder geformt (max. 100MPa). Nach abkühlen wird der Druck langsam abgebaut der Zylinder entnommen und dieser langsam bis 1100 °C pyrolysiert. Die dafür benötigte Presse befindet sich unter Schutzgas, der einfachheithalber in einer Glove-Box. Als Ergebnis wurde ein Keramikpulver und kein kompaktes Stück erhalten.

Sintern der Keramik mit Binder

Das Polymer wird schnell bis auf 500 °C aufgeheizt, anschliessend fein gemörsert (<32µm), mit wenig Polymer (Masseverhältnis 5:1) vermörsert, in einer beheizbaren Presse zu einem Zylinder geformt (max. 100 MPa). Nach abkühlen wird der Druck langsam abgebaut der Zylinder entnommen und anschliessend langsam bis 1100 °C pyrolysiert. Als Ergebnis wurde ein kompakter Körper erhalten, welcher brüchig war und leicht wieder in Pulverform gebracht werden konnte.

Herstellung kompakter Stücke der Keramik

Das Polymer nTASVB wird unter Argon-Schutz-Gas auf 350 °C aufgeheizt. Nach dem Abkühlen ist dieses verfestigt, dass es zu einem feinen Pulver (Korngrösse kleiner 32 µm) gemörsert werden kann. Diese feine Pulver wird in eine Presse gegeben und der Pressdruck auf 300MPa gebracht. Nun wird mit 30K/min auf 250°C aufgeheizt und bei dieser Temperatur 30 min gehalten. Anschliessend wird die Heizung ausgeschalten damit die Presse und die Probe abkühlen können. Dies kann durch die grosse Masse der Presse mehrere Stunden dauern. Der Pressdruck nimmt dabei wenig ab, sollte aber nicht „abgeschaltet" werden. Nach abkühlen auf Raumtemperatur wird entlastet und die Probe kann entnommen werden. Diese Wird dann wie beschrieben keramisiert.

14 Literatur

1. Ewald, P.P., *Kristalle und Röntgenstrahlen.* 1923.
2. Novoselov, K.S., et al., *Electric Field Effect in Atomically Thin Carbon Films.* Science (Washington, DC, U. S.), 2004. **306**(5696): p. 666-669.
3. Landau, L., *Theory of phase changes. I.* Phys. Z. Sowjetunion, 1937. **11**: p. 26-47.
4. Meyer, J.C., et al., *The structure of suspended graphene sheets.* Nature (London, U. K.), 2007. **446**(7131): p. 60-63.
5. Katsnelson, M.I., *Graphene: carbon in two dimensions.* Mater. Today (Oxford, U. K.), 2007. **10**(1-2): p. 20-27.
6. Novoselov, K.S., et al., *Two-dimensional gas of massless Dirac fermions in graphene.* Nature (London, U. K.), 2005. **438**(7065): p. 197-200.
7. Allen, M.J., V.C. Tung, and R.B. Kaner, *Honeycomb Carbon: A Review of Graphene.* Chem. Rev. (Washington, DC, U. S.), 2010. **110**(1): p. 132-145.
8. Wilson, N.R., et al., *Graphene Oxide: Structural Analysis and Application as a Highly Transparent Support for Electron Microscopy.* ACS Nano, 2009. **3**(9): p. 2547-2556.
9. Dreyer, D.R., et al., *The chemistry of graphene oxide.* Chem. Soc. Rev., 2010. **39**(1): p. 228-240.
10. Li, D., et al., *Processable aqueous dispersions of graphene nanosheets.* Nat. Nanotechnol., 2008. **3**(2): p. 101-105.
11. Stampfer, C., et al., *Raman imaging of doping domains in graphene on SiO2.* Appl. Phys. Lett., 2007. **91**(24): p. 241907/1-241907/3.
12. Stankovich, S., et al., *Graphene-based composite materials.* Nature (London, U. K.), 2006. **442**(7100): p. 282-286.
13. van Wuellen, L. and M. Jansen, *The role of carbon in the nitridic high performance ceramics in the system Si-B-N-C.* Solid State Nucl. Magn. Reson., 2005. **27**(1-2): p. 90-98.
14. Baldus, H.-P. and M. Jansen, *Novel high-performance ceramics - amorphous inorganic networks from molecular precursors.* Angew. Chem., Int. Ed., 1997. **36**(4): p. 328-343.
15. Jaeschke, T., *Hochtemperaturstabile Si/B/N/C-Keramiken aus neuen Einkomponentenvorläufern.* 2003: Shaker-Verlag.
16. Jansen, M., B. Jaeschke, and T. Jaeschke, *Amorphous multinary ceramics in the Si-B-N-C system.* Struct. Bonding (Berlin, Ger.), 2002. **101**(High Performance Non-Oxide Ceramics I): p. 137-191.
17. Chantrell, P. and E.P. Popper, *Special Ceramics.* 1964, NY: Academic Press.
18. Jaeschke, T. and M. Jansen, *Improved durability of Si/B/N/C random inorganic networks.* J. Eur. Ceram. Soc., 2004. **25**(2-3): p. 211-220.
19. Holleman, A.F. and N. Wiberg, *Lehrbuch der anorganischen Chemie.* Vol. 102. 2007, Berlin: Walter de Gruyter & Co.
20. Rao, C.N.R., et al., *Graphene: The New Two-Dimensional Nanomaterial.* Angewandte Chemie, International Edition, 2009. **48**(42): p. 7752-7777.
21. Trauzettel, B., *From graphite to graphene.* Phys. J., 2007. **6**(7): p. 39-44.
22. Katsnelson, M.I., K.S. Novoselov, and A.K. Geim, *Chiral tunnelling and the Klein paradox in graphene.* Nat. Phys., 2006. **2**(9): p. 620-625.
23. Boehm, H.P. and W. Scholz, *Graphitic oxide. IV. Comparison of the methods of graphite oxide preparation.* Liebigs Ann. Chem., 1966. **691**: p. 1-8.
24. Boehm, H.P., M. Eckel, and W. Scholz, *Graphite oxide. V. Formation mechanism of graphite oxide.* Z. Anorg. Allg. Chem., 1967. **353**(5-6): p. 236-42.

25. Gmelin, *GO Bildung und Darstellung*.
26. Lerf, A., et al., *Hydration behavior and dynamics of water molecules in graphite oxide*. J. Phys. Chem. Solids, 2006. **67**(5-6): p. 1106-1110.
27. Boukhvalov, D.W. and M.I. Katsnelson, *Modeling of Graphite Oxide*. J. Am. Chem. Soc., 2008. **130**(32): p. 10697-10701.
28. He, H., et al., *A new structural model for graphite oxide*. Chem. Phys. Lett., 1998. **287**(1,2): p. 53-56.
29. Clauss, A., et al., *Investigations of the structure of graphite oxide*. Z. Anorg. Allg. Chem., 1957. **291**: p. 205-20.
30. Boehm, H.P. and W. Scholz, \"*Deflagration point*\" *of graphite oxide*. Z. Anorg. Allg. Chem., 1965. **335**(1-2): p. 74-9.
31. Thiele, H., *The micellar structure of graphitic acid*. Kolloid-Z., 1931. **56**: p. 129-38.
32. Hofmann, U., A. Frenzel, and E. Csalan, *Constitution of graphitic acid and its reactions*. Liebigs Ann. Chem., 1934. **510**: p. 1-41.
33. Boehm, H.P., A. Clauss, and U. Hofmann, *Graphite oxide and its membrane properties*. J. Chim. Phys. Phys.-Chim. Biol., 1961. **58**: p. 141-7.
34. Staudenmaier, L., *Preparation of graphitic acid*. Ber. Deut. Chem. Gesell, 1898. **31**: p. 1481-7.
35. Hummers, W.S. and R.E. Offeman, *Preparation of Graphite Oxide*. Journal of the American Chemical Society, 1958. **80**.
36. Brodie, B.C., *Researches on the atomic weight of graphite*. Quart. J., Chem. Soc., London, 1860. **12**: p. 261-268.
37. Hofmann, T., et al., *Aquatic colloids. Part 1. Definition and relevance. A review*. Ground Water, 2003. **8**(4): p. 203-212.
38. Hofmann, T., et al., *Aquatic colloids. Part 2. Sampling and characterization. A review*. Ground Water, 2003. **8**(4): p. 213-223.
39. Ullmann, *Colloids*.
40. Thiele, H., *The swelling of graphite*. Z. Anorg. Allg. Chem., 1932. **206**: p. 407-15.
41. Park, S., et al., *Colloidal Suspensions of Highly Reduced Graphene Oxide in a Wide Variety of Organic Solvents*. Nano Lett., 2008: p. ACS ASAP.
42. Paredes, J.I., et al., *Graphene Oxide Dispersions in Organic Solvents*. Langmuir, 2008. **24**(19): p. 10560-10564.
43. Stankovich, S., et al., *Synthesis of graphene-based nanosheets via chemical reduction of exfoliated graphite oxide*. Carbon, 2007. **45**(7): p. 1558-1565.
44. Kohlschutter, V. and P. Haenni, *Graphitic carbon and graphitic acid*. Z. Anorg. Allg. Chem., 1919. **105**: p. 121-144.
45. Hofmann, U. and A. Frenzel, *The reduction of graphite oxide by hydrogen sulfide*. Kolloid-Z., 1934. **68**: p. 149-51.
46. Bourlinos, A.B., et al., *Graphite Oxide: Chemical Reduction to Graphite and Surface Modification with Primary Aliphatic Amines and Amino Acids*. Langmuir, 2003. **19**(15): p. 6050-6055.
47. Boehm, H.P., et al., *Thin carbon leaves*. Z. Naturforsch., 1962. **17b**: p. 150-3.
48. Stankovich, S., et al., *Stable aqueous dispersions of graphitic nanoplatelets via the reduction of exfoliated graphite oxide in the presence of poly(sodium 4-styrenesulfonate)*. Carbon, 2006. **16**(2): p. 155-158.
49. Park, S., et al., *Aqueous Suspension and Characterization of Chemically Modified Graphene Sheets*. Chem. Mater., 2008. **20**(21): p. 6592-6594.
50. Fan, X., et al., *Deoxygenation of exfoliated graphite oxide under alkaline conditions: a green route to graphene preparation*. Adv. Mater. (Weinheim, Ger.), 2008. **20**(23): p. 4490-4493.
51. Thiele, H., *Graphite and graphitic acid*. Z. Anorg. Allg. Chem., 1930. **190**: p. 145-60.

52. Schniepp, H.C., et al., *Functionalized Single Graphene Sheets Derived from Splitting Graphite Oxide.* J. Phys. Chem. B, 2006. **110**(17): p. 8535-8539.
53. Steurer, P., et al., *Functionalized graphenes and thermoplastic nanocomposites based upon expanded graphite oxide.* Macromol. Rapid Commun., 2009. **30**(4-5): p. 316-327.
54. Nethravathi, C. and M. Rajamathi, *Chemically modified graphene sheets produced by the solvothermal reduction of colloidal dispersions of graphite oxide.* Carbon, 2008. **46**(14): p. 1994-1998.
55. Zhou, Y., et al., *Hydrothermal Dehydration for the "Green" Reduction of Exfoliated Graphene Oxide to Graphene and Demonstration of Tunable Optical Limiting Properties.* Chem. Mater., 2009: p. ACS ASAP.
56. Li, Z.Q., et al., *X-ray diffraction patterns of graphite and turbostratic carbon.* Carbon, 2007. **45**(8): p. 1686-1695.
57. Hofmann, U., et al., *The structure and graphitization of carbon.* Z. anorg. Chem., 1947. **255**: p. 195-211.
58. Hofmann, U. and D. Wilm, *X-ray determination of size and form of crystals of carbon.* Z. anorg. Chem.. 1932. **B18**: p. 401-16.
59. Jeong, H.-K., et al., *Evidence of Graphitic AB Stacking Order of Graphite Oxides.* J. Am. Chem. Soc., 2008. **130**(4): p. 1362-1366.
60. Johnson, J.A., et al., *A neutron diffraction study of nano-crystalline graphite oxide.* Carbon, 2009. **47**(9): p. 2239-2243.
61. Dikin, D.A., et al., *Preparation and characterization of graphene oxide paper.* Nature (London, U. K.), 2007. **448**(7152): p. 457-460.
62. Clauss, A., U. Hoffmann, and A. Weiss, *Membrane potentials on graphitic oxide foils.* Z. Elektrochem. Angew. Phys. Chem., 1957. **61**: p. 1284-90.
63. Clauss, A. and U. Hofmann, *Determination of partial vapor pressure with graphite oxide membranes.* Angew. Chem., 1956. **68**: p. 522.
64. Hellwege, K.H., W. Knappe, and G. Muh, *Membranes of graphite oxide for osmotic measurements.* Kolloid-Z., 1961. **174**: p. 46-50.
65. Maire, J., H. Colas, and P. Maillard, *Carbon and graphite membranes and their properties.* Carbon, 1968. **6**(4): p. 555-60.
66. Pimenta, M.A., et al., *Studying disorder in graphite-based systems by Raman spectroscopy.* Physical Chemistry Chemical Physics, 2007. **9**(11): p. 1276-1291.
67. Molitor, F., et al., *Raman imaging and electronic properties of graphene.* Los Alamos Natl. Lab., Prepr. Arch., Condens. Matter, 2007: p. 1-7, arXiv:0709 3426v1 [cond-mat mes-hall].
68. Schnepel, F.M., *Physical methods in chemistry: Raman spectroscopy.* Chem. Unserer Zeit, 1980. **14**(5): p. 158-67.
69. Casiraghi, C., et al., *Raman fingerprint of charged impurities in graphene.* Appl. Phys. Lett., 2007. **91**(23): p. 233108/1-233108/3.
70. Ferrari, A.C., et al., *Raman Spectrum of Graphene and Graphene Layers.* Phys. Rev. Lett., 2006. **97**(18): p. 187401/1-187401/4.
71. Ganguli, N., *Magnetic studies of graphite and graphitic oxides.* Philos. Mag., 1936. **21**: p. 355-69.
72. Makarova, T.L., *Magnetic properties of carbon structures.* Semiconductors, 2004. **38**(6): p. 615-638.
73. Kopelevich, Y. and P. Esquinazi, *Ferromagnetism and Superconductivity in Carbon-based Systems.* J. Low Temp. Phys., 2007. **146**(5/6): p. 629-639.
74. Hofmann, U. and R. Holst, *The acid nature and methylation of graphitic oxide.* Ber. Deut. Chem. Gesell. B, 1939. **72B**: p. 754-71.
75. Meyer, J.C., et al., *On the roughness of single- and bi-layer graphene membranes.* Solid State Commun. , 2007. **143**(1-2): p. 101-109.

76. Blake, P., et al., *Making graphene visible*. Appl. Phys. Lett., 2007. **91**(6): p. 063124/1-063124/3.
77. Dresselhaus, M.S., G. Dresselhaus, and M. Hofmann, *Raman spectroscopy as a probe of graphene and carbon nanotubes*. Philos Transact A Math Phys Eng Sci, 2008. **366**(1863): p. 231-6.
78. Esquinazi, P. and R. Hoehne, *Magnetism in carbon structures*. J. Magn. Magn. Mater., 2005. **290-291**(Pt. 1): p. 20-27.
79. Dörfler, H.D., *Grenzflächen und kolloid-disperse Systeme*. 2002.
80. Kruse, A. and H. Vogel, *Heterogeneous catalysis in supercritical media: 2. Near-critical and supercritical water*. Chem. Eng. Technol., 2008. **31**(9): p. 1241-1245.
81. Othmer, D.F., C.H. Gamer, and J.J. Jacobs, Jr., *Oxalic acid from sawdust. Optimum conditions for manufacture*. J. Ind. Eng. Chem. (Washington, D. C.), 1942. **34**: p. 262-7.
82. Niemela, K., *The formation of hydroxy monocarboxylic acids and dicarboxylic acids by alkaline thermochemical degradation of cellulose*. J. Chem. Technol. Biotechnol., 1990. **48**(1): p. 17-28.
83. üBERARBEITEN, *Refractories, Glass, and Other Ceramic Materials*. 1972.
84. Kumar, R., et al., *High-temperature deformation behavior of nanocrystalline precursor-derived Si-B-C-N ceramics in controlled atmosphere*. Int. J. Mater. Res., 2006. **97**(5): p. 626-631.
85. Hermann, A.M., et al., *Structure and electronic transport properties of Si-(B)-C-N ceramics*. J. Am. Ceram. Soc., 2001. **84**(10): p. 2260-2264.
86. Golczewski, J.A. and F. Aldinger, *Phase separation in Si-(B)-C-N polymer-derived ceramics*. Z. Metallkunde, 2006. **97**(2): p. 114-118.
87. Kumar, N.V.R., et al., *Crystallization and creep behavior of Si-B-C-N ceramics*. Acta Mater., 2005. **53**(17): p. 4567-4578.
88. Haberecht, J., et al., *Carbon nanostructures on high-temperature ceramics - a novel composite material and its functionalization*. Catal. Today, 2005. **102-103**: p. 40-44.
89. Haberecht, J., R. Nesper, and H. Gruetzmacher, *A Construction Kit for Si-B-C-N Ceramic Materials Based on Borazine Precursors*. Chem. Mater., 2005. **17**(9): p. 2340-2347.
90. Krummland, A., *Synthese neuer molekularer und polymerer Vorläufer für B/N-, B/N/C-, B/N/C/Si- und B/N/C/Si/O-Materialien*. 2001, ETH: Zürich.
91. Haberecht, J., et al., *High-Yield Molecular Borazine Precursors for Si-B-N-C Ceramics*. Chem. Mater., 2004. **16**(3): p. 418-423.
92. Vaultier, M., in *EP 0570247 A1*. 1993. p. 1-14.
93. Scheffler, M., et al., *Nickel-catalyzed in situ formation of carbon nanotubes and turbostratic carbon in polymer-derived ceramics*. Mater. Chem. Phys., 2004. **84**(1): p. 131-139.
94. Yajima, S., J. Hayashi, and M. Omori, Chem. Lett., 1975: p. 931-4.
95. Yajima, S., J. Hayashi, and M. Omori, Nature (London, U. K.), 1976. **261**: p. 683-5.
96. Bernard, S., et al., *Preparation of high-temperature stable SiBCN fibers from tailored single source polyborosilazanes*. J. Eur. Ceram. Soc., 2004. **25**(2-3): p. 251-256.
97. Konetschny, C., et al., *Dense silicon carbonitride ceramics by pyrolysis of cross-linked and warm pressed polysilazane powders*. J. Eur. Ceram. Soc., 1999. **19**(16): p. 2789-2796.
98. Weisbarth, R. and M. Jansen, *SiBN3C Ceramic workpieces by pressureless pyrolysis without sintering aids: preparation, characterization and electrical properties*. J. Mater. Chem., 2003. **13**(12): p. 2975-2978.
99. Haug, R., et al., *Plastic forming of preceramic polymers*. J. Eur. Ceram. Soc., 1998. **19**(1): p. 1-6.

100. Iijima, S., *Helical microtubules of graphitic carbon.* Nature (London, U. K.), 1991. **354**(6348): p. 56-8.
101. Tran, K.Y., et al., *Carbon nanotubes synthesis by the ethylene chemical catalytic vapour deposition (CCVD) process on Fe, Co, and Fe-Co/Al2O3 sol-gel catalysts.* Appl. Catal., A 2007. **318**: p. 63-69.
102. Strunk, C., *Electronic properties of carbon nanotubes. Quantum world in nanocylinder.* Phys. Unserer Zeit, 2005. **36**(4): p. 176-183.
103. Anantram, M.P. and F. Leonard, *Physics of carbon nanotube electronic devices.* Repor. Progr. Phys., 2006. **69**(3): p. 507-561.
104. Dikonimos Makris, T., et al., *CNT growth on alumina supported nickel catalyst by thermal CVD.* Diamond Relat. Mater., 2005. **14**(3-7): p. 815-819.
105. Chen, C.-M., et al., *Intermetallic catalyst for carbon nanotubes (CNTs) growth by thermal chemical vapor deposition method.* Carbon, 2006. **44**(9): p. 1808-1820.
106. Jarrah, N.A., J.G. van Ommen, and L. Lefferts, *Growing a carbon nano-fiber layer on a monolith support; effect of nickel loading and growth conditions.* J. Mater. Chem., 2004. **14**(10): p. 1590-1597.
107. Govindaraj, A., et al., *Carbon nanospheres and tubules obtained by the pyrolysis of hydrocarbons.* Philos. Mag. Lett., 1997. **76**(5): p. 363-367.
108. Kroke, E., et al., *Silazane-derived ceramics and related materials.* Mater. Sci. Eng., 2000. **R26**(4-6): p. 97-199.
109. Li, W.Z., J.G. Wen, and Z.F. Ren, *Effect of temperature on growth and structure of carbon nanotubes by chemical vapor deposition.* Applied Physics A: Materials Science & Processing, 2002. **74**(3): p. 397-402.
110. Kukovitsky, E.F., et al., *Correlation between metal catalyst particle size and carbon nanotube growth.* Chem. Phy. Lett., 2002. **355**(5,6): p. 497-503.
111. Jin, Y.Z., et al., *Large-scale synthesis and characterization of carbon spheres prepared by direct pyrolysis of hydrocarbons.* Carbon, 2005. **43**(9): p. 1944-1953.
112. Belin, T. and F. Epron, *Characterization methods of carbon nanotubes: a review.* Mater. Sci. Eng., 2005. **B119**(2): p. 105-118.

Danksagung

Vielleicht gibt es für die Ergebnisse der vorliegenden Arbeit und das darauffolgende Patent ein kleines Stück vom Kuchen des Erfolges. Und wenn nicht, werde ich selber einen Kuchen backen. Diesen möchte ich, als Dank, mit allen teilen, die mich bei meiner Dissertation unterstützt und begleitet haben.

Das grösste Stück bekommt Prof. Reinhard Nesper. Er hat mit die Möglichkeiten geboten und geschaffen, diese Dissertation anzufertigen. Dabei hat er mir alle Freiheit gelassen, dass ich meine Forschungen dahin lenken konnte, wohin ich gerne wollte. Diese Freiheit hat, so denke ich, zu den wichtigsten Ergebnissen dieser Arbeit geführt. Mögen Andere denken, dass mehr Führung besser sei. Ich aber danke dir, lieber Reinhard, für deine Unterstützung.

Für die Erstellung des Zweitgutachtens danke ich Prof. Hansjörg Grützmacher ebenfalls sehr herzlich.

Dann gehen Stücke an die Mitarbeiter der Arbeitsgruppe, die mich bei den Messungen, Auswertungen und Diskussionen zur Arbeit, aber auch bei alltäglichen Problemen unterstützt, gelehrt und beraten haben. Danke Barbara Hellermann, Frank Krumeich, Christian Mensing, Yoann Mettan, Wolfram Uhlig, Daniel Widmer, Michael Wörle. Auch danke ich euch für den freundlichen Umgang, den wir alle miteinander pflegen. Ein Extrastück geht an Martin Kotyrba.

Auch andere Arbeitsgruppen der ETHZ bekommen etwas vom Kuchen, da sie mit ihren Messungen und Hilfestellungen wichtige Ergebnisse lieferten: Danke Susanne Dröscher, Sebastian Hook, Arnhild Jacobsen, Karthik Kumar, Patrick Ruch, Aleksandar Sebesta, Christoph Stampfer, Peter Tittmann.

Die andere Hälfte des Kuchens bekommt meine kleine Familie.

Danke Diana, Danke Lasse. Ihr seid mir das Wichtigste.

Die VDM Verlagsservicegesellschaft sucht für wissenschaftliche Verlage abgeschlossene und herausragende

Dissertationen, Habilitationen, Diplomarbeiten, Master Theses, Magisterarbeiten usw.

für die kostenlose Publikation als Fachbuch.

Sie verfügen über eine Arbeit, die hohen inhaltlichen und formalen Ansprüchen genügt, und haben Interesse an einer honorarvergüteten Publikation?

Dann senden Sie bitte erste Informationen über sich und Ihre Arbeit per Email an *info@vdm-vsg.de*.

Sie erhalten kurzfristig unser Feedback!

VDM Verlagsservicegesellschaft mbH
Dudweiler Landstr. 99　　　　　　Telefon +49 681 3720 174
D - 66123 Saarbrücken　　　　　　Fax　　 +49 681 3720 1749
www.vdm-vsg.de

Die VDM Verlagsservicegesellschaft mbH vertritt

Printed by Books on Demand GmbH, Norderstedt / Germany